U0107969

2009 全国二级建造师执业资格考试
全真模拟试卷——建筑工程管理与实务

全国二级建造师执业资格考试命题研究小组 编

机械工业出版社

本书是专门为广大参加全国二级建造师执业资格考试的考生而编写的,书中的八套模拟试卷充分体现了近年来二级建造师执业资格考试制度的发展历程、命题思路的变化方式和考题形式的发展趋势。书中还附有2008年考试真题,便于考生掌握考试题型的变化。

图书在版编目(CIP)数据

建筑工程管理与实务/全国二级建造师执业资格考试命题研究小组编.
—北京:机械工业出版社,2009.1
(2009全国二级建造师执业资格考试全真模拟试卷)
ISBN 978 - 7 - 111 - 25910 - 7

Ⅰ.建… Ⅱ.全… Ⅲ.建筑工程—施工管理—建筑师—资格考核—习题
Ⅳ.TU71 - 44

中国版本图书馆 CIP 数据核字(2008)第 202848 号

机械工业出版社(北京市百万庄大街22号　邮政编码100037)
责任编辑:张　晶　　　　封面设计:张　静
责任印制:李　妍
北京蓝海印刷有限公司印刷
2009 年 1 月第 1 版第 1 次印刷
184mm×260mm ·6.25 印张·150 千字
标准书号:ISBN 978 - 7 - 111 - 25910 - 7
定价:19.00 元

前　言

　　"2009全国二级建造师执业资格考试全真模拟试卷"是围绕着"夯实基础,掌握重点,突破难点,稳步提高"这一理念进行编写。

　　此套全真模拟试卷的优势主要体现在以下几方面:

　　一、预测准。本书紧扣"考试大纲"和"考试教材",指导考生梳理和归纳核心知识,不仅是对教材精华的浓缩,也是对教材的精解精练。本书可以帮助读者掌握要领、强化核心,提高学习效率,可以高效地掌握考试的精要。试卷信息量大,涵盖面广,对2009年全国二级建造师执业资格考试试题的宏观把握和总体预测都具有极强的前瞻性。

　　二、权威性。本书是作者在总结经验,开创特色的宗旨下,按照2009全国二级建造师执业资格考试大纲,针对2009全国二级建造师执业资格考试的最新要求精心设计,代表着2009全国二级建造师执业资格考试动态和基本方向。

　　三、时效性。编写组在总结历年命题规律的基础上,运用前瞻性、预测性的思维去分析考情,在本书中展示了各知识点可能出现的考题形式、命题角度和深度,努力做到与考试试题趋势"合拍",步调一致。本书题型新颖,切合二级建造师执业资格考试实际,包含大量深受命题专家重视的新题、活题。

　　为了使全书尽早与考生见面,满足广大考生的迫切需求,参与本书策划、编写和出版的各方人员都付出了辛勤的劳动,在此表示感谢。

　　编写组专门为考生提供答疑网站(www.wwbedu.com),并配备了专业答疑教师为考生解决疑难问题。

　　本书在编写过程中,虽然几经斟酌和校阅,但由于作者水平所限,难免有不尽人意之处,恳请广大读者一如既往地对我们的疏漏之处进行批评和指正。

目　　录

全真模拟试卷（一）

一、单项选择题（共 40 题，每题 1 分。每题的备选项中，只有 1 个最符合题意）

场景（一） 某建筑公司施工楼层采用梁板结构，单向板受力，跨度为 4m，支撑于两边简支梁上。梁的跨度为 5m。装修时在板上铺设水磨石地面，水磨石重度 $\gamma = 20kN/m^3$，装修厚度为 0.04m。

根据场景（一），回答下列问题：

1. 楼板上增加的面荷载为（　　）kN/m^3。
   A. 20　　　　　　　B. 8　　　　　　　C. 0.8　　　　　　　D. 0.4

2. 本题建筑楼层采用梁板结构，结构设计的主要目的是保证所建造的结构（　　）。
   A. 安全适用　　　　B. 舒适大方　　　　C. 设计合理　　　　D. 外观漂亮

3. 梁上增加的线荷载为（　　）kN/m^3。
   A. 10　　　　　　　B. 8　　　　　　　C. 4　　　　　　　D. 1.6

4. 结构的安全性要求，在正常施工和正常使用条件下，在偶然事件发生后，结构仍能保持必要的整体（　　）。
   A. 稳定性　　　　　B. 局部破坏性　　　C. 整体破坏性　　　D. 局部稳定性

5. 梁跨中增加的弯矩为（　　）$kN \cdot m$。
   A. 4.8　　　　　　　B. 5.0　　　　　　C. 1.6　　　　　　D. 0.8

场景（二） 某承包商承接一项工程，占地面积 $25m^2$，建筑层数地上 20 层，地下 1 层，基础类型为桩基筏承台板，结构形式为现浇剪力墙，混凝土采用商品混凝土，强度等级有 C25、C30、C35、C40 级，钢筋采用 HPB235 级、HRB335 级。屋面防水采用 SBS 改性沥青防水卷材，外墙面喷涂，内墙面和顶棚刮腻子喷大白，屋面保湿采用憎水珍珠岩，外墙保温采用聚苯保温板。

根据场景（二），回答下列问题：

6. （　　）级钢筋为余热处理钢筋，外形为月牙纹带肋钢筋，或称变形钢筋。
   A. RRB400　　　　　B. HRB335　　　　C. HPB235　　　　D. HRB400

7. 依据规范规定，混凝土的抗压强度等级分为（　　）个等级。下列关于混凝土强度等级级差和最高等级的表述中，正确的是（　　）。
   A. 12　等级级差 $5N/mm^2$，最高等级为 C80
   B. 12　等级级差 $4N/mm^2$，最高等级为 C60
   C. 14　等级级差 $5N/mm^2$，最高等级为 C80
   D. 14　等级级差 $4N/mm^2$，最高等级为 C80

8. 混凝土强度等级 C25 表示混凝土立方体抗压强度标准值（　　）。
   A. $f_{cu,k} = 25MPa$　　　　　　　　B. $20MPa < f_{cu,k} \leq 25MPa$
   C. $22.5MPa < f_{cu,k} < 27.5MPa$　　D. $25MPa \leq f_{cu,k} < 30MPa$

9. 下列钢筋等级中，HRB335 级钢筋的符号是（　　）。
   A. Φ　　　　　　　B. Φ　　　　　　　C. Φ　　　　　　　D. ΦR

10. HRB335 级钢筋和 HRB400 级钢筋为(　　　)。

　　A. 低碳钢　　　　　　B. 低粘结钢　　　　　　C. 低弹性钢　　　　　　D. 低合金钢

场景(三)　某大型商厂主楼 20 层,地下 1 层,占地面积为 3000m²,建筑总面积 60000m²,其中地下室面积 3000m²,本工程地下室采用钢筋混凝土结构,底板为 C30 防渗钢筋混凝土,外墙采用 C40 防渗钢筋混凝土,施工缝用 BW91 型止水带,防水采用内防水;该工程施工过程中,该混凝土强度经测试论证达不到要求;竣工后,经区质量监督站核定达不到合格等级,经法定检测单位检测,该墙内混凝土强度不满足设计要求。

根据场景(三),回答下列问题:

11. 跨度大于(　　　)m 的板,现浇混凝土达到立方抗压强度标准值的 100% 时方可拆除底模板。

　　A. 8　　　　　　　　B. 6　　　　　　　　C. 2　　　　　　　　D. 7.5

12. 悬挑长度为 2m,混凝土强度为 C40 的现浇阳台板,当混凝土强度至少应达到(　　　)时方可拆除底模板。

　　A. 70%　　　　　　B. 100%　　　　　　C. 75%　　　　　　D. 50%

13. 当混凝土强度至少达到立方抗压强度标准值的(　　　)N/mm²时,跨度为 6m,强度为 C50 的现浇混凝土梁方可拆除底模板。

　　A. 50　　　　　　　B. 25　　　　　　　C. 37.5　　　　　　D. 35

14. 施工缝宜留在结构受剪力较小且便于施工的部位,柱施工缝宜留置在(　　　)。

　　A. 无梁楼板柱帽的上面　　　　　　　　B. 基础的底面

　　C. 梁和吊车梁牛腿的下面　　　　　　　D. 吊车梁的下面

15. 有关对混凝土构件施工缝的留置位置的说法正确的是(　　　)。

　　A. 单向板应垂直于板的短边方向留置　　B. 柱宜留置在基础、楼板、梁的顶面

　　C. 有主次梁的楼板宜顺着主梁方向留置　　D. 梁、板应沿斜向留置

场景(四)　北方寒冷地区某综合楼内外装饰装修工程在施工质量检查中发现下列质量问题:在石膏板和砖墙交接处抹灰层出现裂缝;部分砖墙因为表面平整度不够,抹灰厚度最厚处达 40mm,而未采取措施;室内墙、柱面和门洞的阳角暗护角采用水泥混合砂浆,高度未达到规范要求,外墙滴水线不符合规范要求。

根据场景(四),回答下列问题:

16. 室内墙面、柱面和门洞的阳角做法应符合设计要求。设计无要求时,应采用 1:2 水泥砂浆做暗护角,其高度不应低于(　　　)m,每侧宽度不应小于 50mm。

　　A. 1　　　　　　　　B. 1.2　　　　　　　C. 1.8　　　　　　　D. 2

17. 滴水线(槽)应整齐顺直,滴水线应内高外低,滴水槽的宽度和深度均不应小于(　　　)mm。

　　A. 5　　　　　　　　B. 10　　　　　　　C. 4　　　　　　　　D. 8

18. 抹灰工程施工时,不同材料基体交接处表面的抹灰,应采取的加强措施是(　　　)。

　　A. 防止沉降　　　　B. 防止开裂　　　　C. 控制厚度　　　　D. 细部处理

19. 抹灰工程当抹灰厚度大于或等于(　　　)mm 数值时,应采取加强措施。

　　A. 15　　　　　　　B. 20　　　　　　　C. 25　　　　　　　D. 35

20. 抹灰用的石灰膏的熟化期不应小于( )天。

    A. 3   B. 5   C. 7   D. 15

场景(五) 某办公楼室内、外装饰装修工程施工,外墙饰面为砖贴面。施工前按规范要求做了外墙饰面砖样板间。室内花岗石地坪,大理石湿贴墙面。工程竣工后,大理石墙面出现了泛碱现象,室内环境检测未达到合格标准。

根据场景(五),回答下列问题:

21. 饰面板工程采用湿作业施工时,天然石材饰面板应进行( )处理。

    A. 防酸背涂   B. 防腐背涂   C. 防碱背涂   D. 防裂背涂

22. 饰面板(砖)工程抗震缝、伸缩缝、沉降缝处理应保持( )。

    A. 缝的宽度和深度   B. 缝的突出性和原样性

    C. 缝的密实性和可靠性   D. 缝的使用功能和饰面完整性

23. 下列关于饰面板(砖)应进行复验的材料及其性能指标中,不包括( )。

    A. 室内用花岗石的放射性   B. 防碱背涂剂的性能

    C. 外墙陶瓷砖的吸水率   D. 寒冷地区外墙陶瓷面砖的抗冻性

24. 天然石材安装时,对石材饰面进行"防碱背涂"处理,是因为在湿作业时,由于水泥砂浆在水化时析出大量( ),泛到石材表面,严重影响了装饰效果。

    A. 氢氧化钙   B. 氢氧化钠   C. 氧化钙   D. 氧化钠

25. 外墙饰面砖粘贴工程中饰面砖样板间的施工要求是饰面粘贴前和施工过程中,( )。

    A. 可在不同的基层上做样板间,并对样板间饰面砖的粘结强度进行检验

    B. 可在相同的基层上做样板间,并对样板间饰面砖的粘结强度进行检验

    C. 可在不同的基层上做样板间,并对样板间饰面砖的接缝宽度进行检验

    D. 可在相同的基层上做样板间,并对样板间饰面砖的接缝高低差进行检验

场景(六) 北方寒冷地区某商业大厦室外采用铝合金门窗,外墙涂料装饰。室内采用木门窗,办公室铺实木复合地板。检查过程中发现门窗与洞口之间的缝隙全部采用水泥砂浆嵌缝。木地板铺设不符合规范要求。

根据场景(六),回答下列问题:

26. 寒冷地区木门窗框与墙体的空隙应填充( )。

    A. 水泥砂浆   B. 水泥混合砂浆   C. 防腐材料   D. 保温材料

27. 铝合金外门窗框与砌体墙体固定方法错误的是( )。

    A. 门窗框上的拉结件与洞口墙体的预埋钢板焊接

    B. 射钉固定

    C. 墙体打孔砸入钢筋与窗框上的拉结件焊接

    D. 金属膨胀螺栓固定

28. 下列关于木门窗框的安装质量要求中,错误的是( )。

    A. 预埋木砖防腐处理符合设计要求

    B. 固定点数量、位置及固定方法符合设计要求

    C. 安装必须牢固

    D. 无倒翘现象

29. 为防止出现铝合金门窗框、扇变形的质量问题,要求( )。
    A. 开关灵活、关闭严密　　　　　　　B. 无倒翘
    C. 安装牢固　　　　　　　　　　　　D. 预埋木砖防腐处理符合设计

30. 涂饰工程施工应控制环境温度,其中水性涂料涂饰工程施工的环境温度应该控制
    在( )。
    A. 不低于 -5℃　　B. 不低于 0℃　　　C. 5～35℃　　　D. 36～38℃

场景(七) 某商场建筑面积 65890m²,钢筋混凝土框架-剪力墙结构,局部为钢结构,地上 16 层,地下 1 层,由某建筑公司承建。在施工管理方面管理松懈,余土外运时没有采取苫盖措施,造成渣土沿途遗撒;建筑垃圾未分类,更没有封闭堆放定时清运,造成大风天气尘土飞扬;生活区生活垃圾未及时清理,没有专人管理,发出难闻气味,影响附近居民生活。

根据场景(七),回答下列问题:

31. 施工工地上常见的固体废物中,不包括( )。
    A. 建筑渣土　　　　B. 生活垃圾　　　　C. 粪便　　　　　　D. 粉尘颗粒

32. 下列不属于固体废物的处理方法是( )。
    A. 回收利用　　　　B. 倾倒　　　　　　C. 焚烧　　　　　　D. 减量化处理

33. 施工工地上常会产生许多建筑垃圾,对这些固体废物处理的最终技术是( )。
    A. 焚烧技术　　　　B. 回收利用　　　　C. 填埋　　　　　　D. 减量化处理

34. 建筑垃圾和生活垃圾应与所在地( )签署环境保护协议,及时清运处置。
    A. 建设部门　　　　B. 垃圾消纳中心　　C. 卫生部门　　　　D. 卫生监理部门

35. 建筑工程施工对环境的常见影响中,不包括( )。
    A. 人员流动　　　　B. 现场用水　　　　C. 脚手架安装　　　D. 模板支拆

场景(八) 某工程为 10 层钢筋混凝土框架结构,某施工企业现场项目部在自购钢筋进场之前,按要求向监理工程师提供了合格证,并经过见证取样,经过复验结果合格。监理工程师同意该批钢筋进场使用。主体钢筋接头采用绑扎、电渣压力焊两种,在隐蔽工程验收钢筋焊接质量时,怀疑钢筋母材不合格。经过对该批钢筋重新检验,最终确认该批钢筋不合格。监理工程师随即发出不合格项目通知,要求施工单位拆除重做,同时报告业主。

根据场景(八),回答下列问题:

36. 钢筋加工时,钢筋的接头宜设置在受力较小处。同一纵向受力钢筋不宜设置两个或两个以上接头。接头末端至钢筋弯起点的距离不应小于钢筋直径的( )倍。
    A. 7　　　　　　　　B. 8　　　　　　　　C. 6　　　　　　　　D. 10

37. 钢筋加工时,纵向受力钢筋机械连接接头及焊接接头连接区段的长度为 35d(d 为纵向受力钢筋的较大直径)且不小于( )mm,凡接头中点位于该连接区段长度内的接头均属于同一连接区段。
    A. 200　　　　　　　B. 300　　　　　　　C. 400　　　　　　　D. 500

38. 钢筋加工时,同一构件中相邻纵向受力钢筋的绑扎搭接接头宜相互错开。绑扎搭接接头中钢筋的横向净距不应小于钢筋直径,且不应小于( )mm。
    A. 20　　　　　　　B. 15　　　　　　　C. 25　　　　　　　D. 18

39. 当纵向受力钢筋采用绑扎搭接接头时,其接头连接区段的长度为( )。

A. 35d(d 为纵向受力钢筋的较大直径)　　B. 25d

C. 1.3l(l 为搭接长度)　　D. 1.5l

40. 当纵向钢筋强度设计无具体要求时,钢筋的屈服强度实测值与强度标准值的比值不应大于(　　)。

A. 1. 35　　　　B. 1. 3　　　　C. 1. 25　　　　D. 1. 2

二、多项选择题(共 10 题,每题 2 分。每题的备选项中,有 2 个或 2 个以上符合题意,至少有 1 个错项。错选,本题不得分;少选,所选的每个选项得 0.5 分)

场景(九)　某安装公司承接某市一住宅区安装工程的施工任务,为了降低成本,项目经理通过关系购进一批质量低劣、廉价的设备安装管道,并且对建设单位和监理单位隐瞒了实情,工程完工后,通过验收交付使用单位使用,过了保修期后大批用户的管道漏水。

根据场景(九),回答下列问题:

41. 建筑工程质量验收应划分为(　　)。

A. 单位工程　　B. 分部工程　　C. 总工程　　D. 分项工程

E. 检验批

42. 下列关于单位工程质量验收合格应符合的规定中,正确的是(　　)。

A. 质量控制资料应完整　　　　B. 观感质量验收应符合要求

C. 选抽一项合格的　　　　D. 所含的分部工程均符合要求

E. 部分资料完整

43. 检验批的质量应按(　　)验收。

A. 保证项目　　B. 一般项目　　C. 基本项目　　D. 主指项目

E. 允许偏差项目

44. 分项工程质量验收合格应符合(　　)。

A. 分项工程所含的检验批均应符合合格质量的规定

B. 观感质量验收应符合要求

C. 质量控制资料应完整

D. 分项工程所含的检验批的质量验收记录应完整

E. 具有完整的施工操作依据、质量检查记录

45. 当参加验收各方对工程质量验收意见不一致时,可请(　　)协调处理。

A. 当地质量技术监督局　　　　B. 当地工程质量监督机构

C. 当地建设行政主管部门　　　　D. 工程监理单位

E. 合同约定的仲裁机构

场景(十)　发包方与建筑公司签订了某项目的建筑工程施工合同,该项目 A 栋为综合办公楼,B 栋为餐厅。建筑物填充墙采用混凝土小型砌块砌筑;内部墙、柱面采用木质材料;餐厅同时装有火灾自动报警装置和自动灭火系统。经发包方同意后,建筑公司将基坑开挖工程进行了分包。分包单位为了尽早将基坑开挖完毕,昼夜赶工连续作业,严重地影响了附近居民的生活。

根据场景(十),回答下列问题:

46. 根据《建筑内部装修防火施工及验收规范》(GB 50354—2005)要求,对该建筑物内部的墙、柱面木质材料,在施工中应检查材料的(　　)。

A.燃烧性能等级的施工要求　　　　　　B.燃烧性能的进场验收记录和抽样检验报告

C.燃烧性能型式检验报告　　　　　　　D.现场隐蔽工程记录

E.现场阻燃处理的施工记录

47.本工程餐厅墙面装修可选用的装修材料有(　　)。

A.多彩涂料　　　　B.彩色阻燃人造板　　C.大理石　　　　　　D.聚酯装饰板

E.复塑装饰板

48.对本工程施工现场管理责任认识正确的有(　　)。

A.总包单位负责施工现场的统一管理

B.分包单位在其分包范围内自我负责施工现场管理

C.项目负责人全面负责施工过程中的现场管理,建立施工现场管理责任制

D.总包单位受建设单位的委托,负责协调该现场由建设单位直接发包的其他单位的施工现场管理

E.由施工单位全权负责施工现场管理

49.填充墙砌体满足规范要求的有(　　)。

A.搭接长度不小于60mm　　　　　　B.搭接长度不小于90mm

C.竖向通缝不超过2皮　　　　　　　D.竖向通缝不超过4皮

E.小砌块应底面朝下反砌于墙上

50.关于噪声污染防治的说法,正确的有(　　)。

A.煤气管道抢修抢险作业,可以夜间连续作业

B.在高校附近禁止夜间进行产生环境噪声污染的建筑施工作业

C.建设工程必须夜间施工的,施工单位应在开工15日以前向建设主管部门申报

D.环境影响报告书中,应该有该建设项目所在单位和居民的意见

E.在城市市区范围内向周围生活环境排放建筑施工噪声的,应当符合国家规定的排放标准

三、案例分析题(共3题,每题20分)

(一)

某施工单位与建设单位按《建设工程施工合同(示范文本)》签订了固定总价施工承包合同,合同工期390天,合同总价5000万元。合同中约定按建标[2003]206号文综合单价法计价程序计价,其中间接费费率为20%,规费费率为5%,取费基数为人工费与机械费之和。

施工前施工单位向工程师提交了施工组织设计和施工进度计划(见下图)。

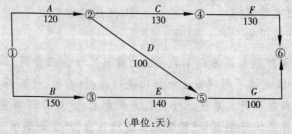

(单位:天)

该工程在施工过程中出现了如下事件:

(1)因地质勘探报告不详,出现图样中未标明的地下障碍物,处理该障碍物导致工作 A 持续时间延长 10 天,增加人工费 2 万元、材料费 4 万元、机械费 3 万元。

（2）基坑开挖时因边坡支撑失稳坍塌，造成工作 B 持续时间延长 15 天，增加人工费 1 万元、材料费 1 万元、机械费 2 万元。

（3）因不可抗力而引起施工单位的供电设施发生火灾，使工作 C 持续时间延长 10 天，增加人工费 1.5 万元、其他损失费 5 万元。

（4）结构施工阶段因建设单位提出工程变更，导致施工单位增加人工费 4 万元、材料费 6 万元、机械费 5 万元，工作 E 持续时间延长 30 天。

（5）因施工期间钢材涨价而增加材料费 7 万元。

针对上述事件，施工单位按程序提出了工期索赔和费用索赔。

问题

1. 按照图中的施工进度计划，确定该工程的关键线路和计算工期，并说明按此计划该工程是否能按合同工期要求完工。

2. 对于施工过程中发生的事件，施工单位是否可以获得工期和费用补偿？分别说明理由。

3. 施工单位可以获得的工期补偿是多少天？说明理由。

4. 施工单位租赁土方施工机械用于工作 A、B，日租金为 1500 元，则施工单位可以得到的土方租赁机械的租金补偿费用是多少？为什么？

5. 施工单位可得到的企业管理费补偿是多少？

（二）

某施工企业通过投标获得了某住宅楼的施工任务，地上 18 层、地下 3 层，钢筋混凝土剪力墙结构，业主与施工单位、监理单位分别签订了施工合同、监理合同。施工单位（总包单位）将土方开挖、外墙涂料与防水工程分别分包给专业性公司，并签订了分包合同。

施工合同中说明：建筑面积 2342m²，建设工期 450 天，2007 年 8 月 1 日开工，2008 年 11 月 25 日竣工，工程造价 3165 万元。

合同约定结算方法：合同价款调整范围为业主认定的工程量增减、设计变更和洽商；外墙涂料、防水工程的材料费，调整依据为本地区工程造价管理部门公布的价格调整文件。

问题

合同履行过程中发生下述几种情况，请按要求回答问题。

1. 总包单位于 7 月 24 日进场，进行开工前的准备工作。原定 8 月 1 日开工，因业主办理伐树手续而延误至 5 日才开工，总包单位要求工期顺延 4 天。此项要求是否成立？根据是什么？

2. 土方公司在基础开挖中遇有地下文物，采取了必要的保护措施。为此，总包单位请他们向业主要求索赔。对否？为什么？

3. 在基础回填过程中，总包单位已按规定取土样，试验合格。监理工程师对填土质量表示异议，责成总包单位再次取样复验，结果合格。总包单位要求监理单位支付试验费。对否？为什么？

4. 总包单位对混凝土搅拌设备的加水计量器进行改进研究，在本公司试验室内进行实验，改进成功用于本工程，总包单位要求此项试验费由业主支付。监理工程师是否批准？为什么？

5. 结构施工期间，总包单位经总监理工程师同意更换了原项目经理，组织管理一度失调，导致封顶时间延误 8 天。总包单位以总监理工程师同意为由，要求给予适当工期补偿。总监理工程师是否能批准？为什么？

6. 监理工程师检查厕浴间防水工程,发现有漏水房间,逐一记录并要求防水公司整改。防水公司整改后向监理工程师进行了口头汇报,监理工程师即签证认可。事后发现仍有部分房间漏水,需进行返工。问返修的经济损失由谁承担?监理工程师有什么错误?

7. 在做屋面防水时,经中间检查发现施工不符合设计要求,防水公司也自认为难以达到合同规定的质量要求,就向监理工程师提出终止合同的书面申请,问监理工程师应如何协调处理?

8. 在进行结算时,总包单位根据投标书,要求外墙涂料费用按发票价计取,业主认为应按合同条件中约定计取,为此发生争议。监理工程师应支持哪种意见?为什么?

(三)

某大学图书馆进行装修改造,根据施工设计和使用功能的要求,采用大量的轻质隔墙。外墙采用建筑幕墙,承揽该装修改造工程的施工单位根据《建筑装饰装修工程质量验收规范》规定,对工程细部构造施工质量的控制做了大量的工作。

该施工单位在轻质隔墙施工过程中提出以下技术要求:

(1)板材隔墙施工过程中如遇到门洞,应从两侧向门洞处依次施工。

(2)石膏板安装牢固时,隔墙端部的石膏板与周围的墙、柱应留有10mm的槽口,槽口处加嵌缝膏,使面板与邻近表面接触紧密。

(3)当轻质隔墙下端用木踢脚覆盖时,饰面板应与地面留有5~10mm缝隙。

(4)石膏板的接缝缝隙应保证为8~10mm。

该施工单位在施工过程中特别注重现场文明施工和现场的环境保护措施,工程施工后,被评为优质工程。

问题

1. 建筑装饰装修工程的细部构造是指哪些子分部工程中的细部节点构造?

2. 轻质隔墙按构造方式和所用材料的种类不同可分为哪几种类型?石膏板属于哪种轻质隔墙?

3. 逐条判断该施工单位在轻质隔墙施工过程中提出的技术要求的正确与否,若不正确,请改正。

4. 简述板材隔墙的施工工艺流程。

5. 轻质隔墙的节点处理主要包括哪几项?

6. 建筑工程现场文明施工管理的主要内容有哪些?

7. 建筑工程施工环境管理计划的主要内容包括哪些?

参考答案

一、单项选择题

1. C	2. A	3. D	4. A	5. B
6. A	7. C	8. D	9. B	10. D
11. A	12. B	13. C	14. C	15. B
16. D	17. B	18. B	19. D	20. D
21. C	22. D	23. B	24. A	25. B
26. D	27. B	28. D	29. C	30. C
31. D	32. B	33. C	34. B	35. A
36. D	37. D	38. C	39. C	40. B

二、多项选择题

41. ABDE	42. ABD	43. BD	44. AD	45. BC
46. BCDE	47. ABC	48. ACD	49. BC	50. ABDE

三、案例分析题

（一）

1. 采用标号法计算见图 1-2。

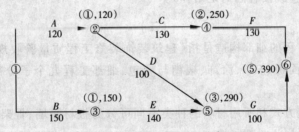

图 1-2 标号法计算双代号网络计划的工期

关键路线：①→③→⑤→⑥,计算工期为 390 天,按此计划该工程可以按合同工期要求完工。

2. 事件(1):不能获得工期补偿,因为工作 A 的延期没有超过其总时差;可以获得费用补偿,因为图样未标明的地下障碍物属于建设单位风险的范畴。

事件(2):不能获得工期和费用补偿,因为基坑边坡支撑失稳坍塌属于施工单位施工方案有误,应由承包商承担该风险。

事件(3):能获得工期补偿,应由建设单位承担不可抗力的工期风险;不能获得费用补偿,因不可抗力发生的费用应由双方分别承担各自的费用损失。

事件(4):能获得工期和费用补偿,因为建设单位工程变更属建设单位的责任。

事件(5):不能获得费用补偿,因该工程是固定总价合同,物价上涨风险应由施工单位承担。

3.施工单位可获得的工期延期补偿为30天,因为考虑建设单位应承担责任或风险的事件:(1)工作 A 延长 10 天;(3)工作 C 延长 10 天;(4)工作 E 延长 30 天,新的计算工期为 420 天,(420 - 390)天 = 30 天。

4.施工单位应得到 10 天的租金补偿,补偿费用为 10 天 × 1500 元/天 = 1.5 万元,因为工作 A 的延长导致该租赁机械在现场的滞留时间增加了 10 天,工作 B 不予补偿。

5.施工单位可以得到的企业管理费用补偿计算如下:

20% - 5% = 15%。

(2 + 4 + 3 + 5)万元 × 15% = 2.1 万元。

(二)

1.成立。因为属于业主责任(或业主未及时提供施工场地)。

2.不对。因为土方公司为分包,与业主无合同关系。

3.不对。因按规定,此项费用应由业主支付。

4.不批准。因为此项支出已包含在工程合同价中(或此项支出应由总包单位承担)。

5.不批准。虽然总监理工程师同意更换,不等同于免除总包单位应负的责任。

6.经济损失由防水公司承担。

监理工程师的错误:①不能凭口头汇报签证认可,应到现场复验;②不能直接要求防水公司整改,应要求总包单位整改;③不能根据分包单位的要求进行签证,应根据总包单位的申请进行复验、签证。

7.监理工程师应该:①拒绝接受分包单位终止合同申请;②要求总包单位与分包单位双方协商,达成一致后解除合同;③要求总包单位对不合格工程返工处理。

8.监理工程师应支持业主意见。因为按规定,合同条件与投标书条件有矛盾时,解释顺序为合同条件在投标书之先(或按合同约定结算)。

(三)

1.建筑装饰装修工程的细部构造是指《建筑装饰装修工程质量验收规范》中地面、抹灰、门窗、吊顶、轻质隔墙、饰面板(砖)、涂饰、裱糊与软包、细部工程九个子分部工程中的细部节点构造。

2.轻质隔墙按构造方式和所用材料的种类不同可分为板材隔墙、骨架隔墙、活动隔墙、玻璃隔墙四种类型。石膏板属于骨架隔墙。

3.该施工单位在轻质隔墙施工过程中的技术要求的正误判断:

第(1)条不正确。

正确做法:板材隔墙施工过程中,当有门洞口时,应从门洞口处向两侧依次进行;当无洞口时,应从一端向另一端顺序安装。

第(2)条不正确。

正确做法:石膏板安装牢固时隔墙端部的石膏板与周围的墙、柱应留有 3mm 的槽口。

第(3)条不正确。

正确做法:当轻质隔墙下端用木踢脚覆盖时,饰面板应与地面留有 20～30mm 缝隙。

第(4)条不正确。

正确做法:石膏板的接缝缝隙宜为 3～6mm。

4.板材隔墙的施工工艺流程:结构墙面、地面、顶棚清理找平→墙位放线→配板→配置胶结材料→安装固定卡→安装门窗框→安装隔墙板→机电配合安装、板缝处理。

5.轻质隔墙的节点处理主要包括接缝处理、防腐处理和踢脚处理。

6.建筑工程现场文明施工管理的主要内容

(1)抓好项目文化建设。

(2)规范场容,保持作业环境整洁卫生。

(3)创造文明有序、安全生产的条件。

(4)减少对居民环境的不利影响。

7.建筑工程施工环境管理计划

(1)确定环境管理范围。

(2)环境影响因素识别与评价。

(3)确定重要环境影响因素控制指标、控制计划与响应方案。

(4)污染物防治和改善环境卫生的主要技术措施。

(5)实施环境管理所需的资源计划与完成时间表。

全真模拟试卷（二）

一、单项选择题（共40题，每题1分。每题的备选项中，只有1个最符合题意）

场景（一） 某校学生宿舍楼，6层砌体结构，建筑面积为4500m²。由某二级建筑公司施工总承包，施工中发生如下事件：

事件一：在悬挑雨篷拆模中发生根部突然断裂、雨篷悬挂在雨篷梁上的质量事故，所幸没有人员伤亡。经检查是由于钢筋位置不对而造成的。

事件二：一层、二层楼梯混凝土标准养护试块报告强度均不合格，经有资质检测单位现场钻芯取样检测，一层楼梯混凝土实际强度合格，但二层楼梯混凝土实际强度仍为不合格，并经设计单位重新核算，二层楼梯混凝土实际强度也不能满足使用要求。

根据场景（一），回答下列问题：

1. 普通房屋的正常设计使用年限为（　　）年。
   A. 10　　　　　　　B. 25　　　　　　　C. 50　　　　　　　D. 100

2. 基础中纵向受力钢筋的混凝土保护层厚度（　　）。
   A. 不应小于40mm　　　　　　　　B. 可以小于40mm
   C. 必须等于40mm　　　　　　　　D. 无垫层时可以小于70mm

3. 混凝土结构的环境类别不包括（　　）。
   A. 室内正常环境　　B. 地震多发环境　　C. 滨海室外环境　　D. 海水环境

4. 混凝土（　　）是一个重要参数，它不仅关系到构件的承载力和适用性，而且对结构构件的耐久性有决定性影响。
   A. 结构层厚度　　　B. 保护层厚度　　　C. 设计层厚度　　　D. 稳定层厚度

5. 房屋结构中，（　　）是一个复杂的多因素综合问题，我国规范增加了此项结构耐久性设计的基本原则和有关规定。
   A. 木质结构耐久性　　　　　　　　B. 钢材结构耐久性
   C. 混凝土结构耐久性　　　　　　　D. 复合材料结构耐久性

场景（二） 有一个小型建筑工程，要布设施工控制网，以施工控制点作为基础，测设建筑物的主轴线，然后根据主轴线进行建筑物的细部放样。在施工过程中，用一些测量工具测量了测角、测距和测高差。

根据场景（二），回答下列问题：

6. 在一般工程水准测量中通常使用（　　）。
   A. $DS_{0.5}$型水准仪　　B. DS_3型水准仪　　C. DS_{10}型水准仪　　　D. DS_1型水准仪

7. 经纬仪是由照准部、（　　）和基座三部分组成。
   A. 数据记录　　　B. 望远镜　　　C. 支架　　　D. 水平度盘

8. （　　）是研究利用各种测量仪器和工具对建筑场地地面及建筑物的位置进行度量和测定的科学。

A. 施工测量 　　　B. 施工方案 　　　C. 施工进度 　　　D. 施工质量

9. 当建筑场地的施工控制网为方格网或轴线形式时,采用(　　)放线最为方便。

A. 直角坐标法 　　B. 极坐标法 　　C. 角度前方交会法 　　D. 方向线交会法

10. 为水准测量提供水平视线和对水准标尺进行读数的一种仪器是(　　)。

A. 水准仪 　　　　B. 经纬仪 　　　　C. 全站仪 　　　　D. 光电测距仪

场景(三) 某个施工单位近几年陆续承建了某中学 6 层砌体结构的教师宿舍楼 1 幢(基础采用条形基础),某公司 19 层框架-剪力墙结构的高档写字楼 1 幢(基础采用了地下连续墙工艺),抗震设防烈度为 7 度,总建筑面积 30800m²。

根据场景(三),回答下列问题:

11. 对于数量不多的小蜂窝、麻面、露筋的混凝土表面,可用(　　)水泥砂浆抹面修整。

A.1:1.5 　　　　B.1:2.5 　　　　C.1:3.5 　　　　D.1:4.5

12. 下列关于砖砌体的砌筑方法中,不正确的是(　　)。

A. 泥浆法 　　　　B. 挤浆法 　　　　C. 刮浆法 　　　　D. 满口灰法

13. 下面对于"三一"砌砖法优点的描述中,错误的是(　　)。

A. 随砌随铺,随砌随揉 　　　　　　　B. 灰缝容易饱满

C. 适用于空心砖砌体 　　　　　　　　D. 粘结力好

14. "三一"砌砖法即(　　)。

A. 一块砖、一铲灰、一勾缝 　　　　　B. 一块砖、一铲灰、一测量

C. 一块砖、一铲灰、一揉压 　　　　　D. 一块砖、一铲灰、一搭接

15. 砌筑普通黏土砖砖墙时,如留斜槎,斜槎长度一般不应小于高度的(　　)。

A.1/3 　　　　　B.1/2 　　　　　C.2/3 　　　　　D.3/4

场景(四) 某宾馆室内装饰装修工程轻钢龙骨吊顶施工完成后,出现了部分吊顶下垂和裂缝,分析原因主要是没有严格按照施工验收规范施工,吊顶起拱高度不足,主龙骨上悬挂大型吊灯,部分主龙骨间距偏大等。此外,还因为在吊顶饰面层施工将要完成时,操作工人进入顶棚内进行管线修整和补涂防火、防锈涂料。

根据场景(四),回答下列问题:

16. 龙骨吊顶测量放线时,吊点的间距一般应不超过(　　)m。

A.1.2 　　　　　B.1.5 　　　　　C.1 　　　　　　D.1.8

17. 大于(　　)kg 的重型灯具、电扇及其他重型设备严禁安装在吊顶工程的龙骨上。

A.2 　　　　　　B.2.5 　　　　　C.2.8 　　　　　D.3

18. 主龙骨起拱高度应符合设计要求。设计无要求时,起拱高度应按房间短向跨度的(　　)起拱。

A.0.1%～0.3% 　B.0.3%～0.5% 　C.0.5%～0.8% 　D.1%～3%

19. 可以靠吊顶工程的龙骨承重的设备是(　　)。

A. 重型设备 　　　B. 电扇 　　　　C. 大型吊灯 　　　D. 喷淋头

20. 吊顶工程中的预埋件、钢筋吊杆和型钢吊杆应采取的表面处理方法是(　　)。

A. 防火处理 　　　B. 防蛀处理 　　　C. 防碱处理 　　　D. 防锈处理

场景(五) 某大楼由主楼和裙楼两部分组成,总建筑面积 9 万 m²。屋面防水层由一层聚氨

酯防水涂料和一层自粘 SBS 高分子防水卷材构成。主楼屋面防水工程检查验收时发现少量卷材起鼓,鼓泡有大有小,直径大的达到 90mm,鼓泡割破后发现有冷凝水珠。

根据场景(五),回答下列问题:

21.铺贴檐口(   )mm 范围内的卷材应采用满粘法。

    A.800   B.1000   C.1200   D.1500

22.根据卷材铺贴要求,两副卷材短边和长边的搭接宽度均不应小于(   )mm。

    A.40   B.60   C.80   D.100

23.顶板卷材防水层上的细石混凝土保护层厚度不应小于(   )mm。

    A.50   B.60   C.70   D.80

24.底板卷材防水层上细石混凝土保护层厚度不应小于(   )mm。

    A.35   B.50   C.40   D.55

25.根据卷材铺贴方式,在铺贴合成高分子卷材时,其接槎的搭接长度为(   )mm。

    A.30   B.80   C.70   D.100

场景(六) 某酒店的职工餐厅要进行装修改造,工程在 2005 年 11 月 7 日开工,预计 2005 年 12 月 5 日竣工。主要的施工项目有墙面抹灰、吊顶、涂料等。某装饰公司承建此项工程的施工,为保证工程质量,对抹灰工程进行了重点控制。

根据场景(六),回答下列问题:

26.高级抹灰的表面平整的允许偏差应为(   )mm。

    A.1   B.2   C.3   D.4

27.抹灰厚度大于(   )mm 的抹灰面要增加钢丝网片防止开裂。

    A.32   B.33   C.34   D.35

28.冬季抹灰温度应不低于(   )。

    A. -5℃   B.0℃   C.2℃   D.5℃

29.对墙、柱、门窗洞口的阳角做(   )水泥砂浆暗护角处理。

    A.1:1   B.1:2   C.1:3   D.1:4

30.抹灰工程施工时,不同材料基本交接处表面的抹灰应采取的加强措施是(   )。

    A.防止沉降   B.防止开裂   C.细部处理   D.控制厚度

场景(七) 某商厦地下 1 层,地上 16 层,总建筑面积 28300m²,位于闹市中心,现场场地狭小。施工单位为了降低成本,现场只设置了一条 3m 宽的施工道路兼作消防通道,现场平面呈长方形,在其斜对角布置了两个消火栓,两者之间相距 85m,其中一个距拟建建筑物 3m,另一个距离路边 3m。为了迎接上级单位的检查,施工单位临时在工地大门入口处的临时围墙上悬挂"五牌"、"二图",检查小组离开后,项目经理立即派人将其拆下运至工地仓库保管,以备再查时用。

根据场景(七),回答下列问题:

31.本工程设置消防通道不合理,现场应设置专门的消防通道,而不能与施工道路共用,且路面宽度应不小于(   )m。

    A.2.5   B.3.5   C.4.5   D.5.5

32.室外临时消火栓应沿消防通道均匀布置,且数量依据消火栓给水系统用水量确定。距离拟建建筑物不宜小于(   )m,但不大于(   )m,距离路边不宜大于(   )m。

A.5,35,2   B.5,40,2   C.4,35,2   D.4,40,2

33.本工程还需考虑临时用水,在该工程临时用水总量中,起决定性作用的是( )。

A.生产用水   B.机械用水   C.生活用水   D.消防用水

34.施工现场管理的总体要求中规定,应在施工现场( )处的醒目位置长期固定悬挂,公示"五牌"、"二图"。

A.出口   B.施工   C.入口   D.居住

35.易燃露天仓库四周,应有宽度不小于( )m的平坦空地作为消防通道,通道上禁止堆放障碍物。

A.2   B.3   C.4   D.6

场景(八) 某业主与某土建公司和某安装公司分别签订了土建施工合同和设备安装合同。土建工程包括桩基础。土建承包商将桩基部分分包给某基础公司,桩为预制钢筋混凝土管桩780根,每根混凝土量为0.8m³。在施工过程中发生如下事件:①业主供应桩不及时;②基础公司打桩设备出故障。

根据场景(八),回答下列问题:

36.混凝土预制桩在施工中应对桩体垂直度、沉桩情况、桩顶完整状况、接桩质量进行检查,对电焊接桩,重要工程应做( )的焊缝擦伤检查。

A.10%   B.8%   C.12%   D.5%

37.开挖深度小于( )m,且周围环境无特殊要求时的基坑为三级基坑。

A.6   B.7   C.8   D.9

38.基坑内明排水应设置排水沟及集水井,排水沟纵坡宜控制在( )。

A.0.4%~0.6%   B.0.1%~0.2%   C.0.3%~0.4%   D.0.6%~0.8%

39.各类地基1000m²以上工程,竣工后对设计标准的检验,每( )m²至少应有1点。

A.50   B.100   C.150   D.200

40.根据地基基础工程的基本规定,建筑物地基的施工应具备的资料中,不包括( )。

A.岩石土层勘察资料

B.临近建筑物和地下设施类型、分布及结构质量情况

C.工程设计图样、设计要求及需达到的标准、检验手段

D.施工单位签署的工程质量保修书

二、多项选择题(共10题,每题2分。每题的备选项中,有2个或2个以上符合题意,至少有1个错项。错选,本题不得分;少选,所选的每个选项得0.5分)

场景(九) 某大厦幕墙工程,采用全玻璃幕墙、隐框玻璃幕墙和石材幕墙。石材幕墙的框架安装前,对进场构件进行了检验和校正。全玻璃幕墙和隐框玻璃幕墙的施工全部在现场打注硅酮结构密封胶粘结。幕墙的防火和保温、隔热构造未按设计和规范施工。

根据场景(九),回答下列问题:

41.石材幕墙的面板与骨架的连接方式有( )。

A.全槽式   B.通槽式   C.短槽式   D.背栓式

E.背挂式

42.全玻璃幕墙安装质量要求有( )。

A.外观平整

B.胶缝平整光滑

C.宽度均匀

D.玻璃面板与玻璃肋之间的垂直度偏差不应大于5mm

E.相邻玻璃面板的平面高低偏差不应大于3mm

43.玻璃幕墙工程安装施工的有关规定包括( )。

A.除全玻墙外,不应在现场打注硅酮结构密封胶

B.采用胶缝传力的全玻幕墙,其胶缝必须采用硅酮结构密封胶

C.全玻幕墙的板面不得与其他刚性材料直接接触

D.硅酮结构密封胶和硅酮建筑密封胶必须在有效期内使用

E.全玻璃幕墙和点支撑玻璃幕墙采用镀膜玻璃时,必须采用酸性硅酮结构密封胶粘结

44.建筑幕墙防火构造技术要求有( )。

A.幕墙与各层楼板之间的缝隙,应采用岩棉或矿棉等材料填充,其厚度不应小于100mm

B.防火层应采用厚度不小于1.2mm的镀锌钢板承托

C.承托板与主体结构、幕墙结构及承托板之间的缝隙应采用防火密封胶密封

D.同一幕墙玻璃单元不应跨越两个防火分区

E.防火层可与幕墙玻璃直接接触,但防火材料朝玻璃面处应采用装饰材料覆盖

45.建筑幕墙的保温、隔热构造技术要求有( )。

A.玻璃幕墙的保温材料应安装牢固,并应与玻璃保持20mm以上的距离

B.有保温要求的玻璃幕墙应采用中空玻璃,必要时采用隔热铝合金型材

C.有隔热要求的玻璃幕墙宜设计适宜的遮阳装置或采用阳型玻璃

D.在冬季取暖地区,保温面板的隔汽铝箔面应朝向室内;无隔汽铝箔面时,应在室内侧有内衬隔汽板

E.金属与石材幕墙的保温材料可与金属板、石材结合在一起,但应与主体结构外表面有30mm以上的空气层(通气层),以供凝结水从幕墙层间排出

场景(十) 发包方与建筑公司签订了某项目的建筑工程施工合同,设项目A栋为综合办公楼,B栋为餐厅。建筑物填充墙采用混凝土小型砌块砌筑;内部墙、柱面采用木质材料;餐厅同时装有火灾自动报警装置和自动灭火系统。经发包方同意后,建筑公司将基坑开挖工程进行了分包。分包单位为了尽早将基坑开挖完毕,昼夜赶工连续作业,严重地影响了附近居民的生活。

根据场景(十),回答下列问题:

46.根据《建筑内部装修防火施工及验收规范》(GB 50354—2005)要求,对该建筑物内部的墙、柱面木质材料,在施工中应检查材料的( )。

A.燃烧性能等级的施工要求

B.燃烧性能的进场验收记录和抽样检验报告

C.燃烧性能形式检验报告

D.现场隐蔽工程记录

E.现场阻燃处理的施工记录

47.本工程餐厅墙面装修可选用的装修材料有( )。

A.多彩涂料　　　B.彩色阻燃人造板　　C.大理石　　　　　　D.聚酯装饰板

E.复塑装饰板

48.对本工程施工现场管理责任认识正确的有( )。

　　A.总包单位负责施工现场的统一管理

　　B.分包单位在其分包范围内自我负责施工现场管理

　　C.项目负责人全面负责施工过程中的现场管理,建立施工现场管理责任制

　　D.总包单位受建设单位的委托,负责协调该现场由建设单位直接发包的其他单位的施工现场管理

　　E.由施工单位全权负责施工现场管理

49.填充墙砌体满足规范要求的有( )。

　　A.搭接长度不小于 60mm　　　　　　B.搭接长度不小于 90mm

　　C.竖向通缝不超过 2 皮　　　　　　　D.竖向通缝不超过 4 皮

　　E.小砌块应底面朝下反砌于墙上

50.关于噪声污染防治的说法,正确的有( )。

　　A.煤气管道抢修抢险作业,可以夜间连续作业

　　B.在高校附近禁止夜间进行产生环境噪声污染的建筑施工作业

　　C.建设工程必须夜间施工的,施工单位应在开工 15 日以前向建设主管部门申报

　　D.环境影响报告书中,应该有该建设项目所在单位和居民的意见

　　E.在城市市区范围内向周围生活环境排放建筑施工噪声的,应当符合国家规定的排放标准

三、案例分析题(共 3 题,每题 20 分)

(一)

　　某监理单位承担了一工业项目的施工监理工作。经过招标,建设单位选择了甲、乙施工单位分别承担 A、B 标段工程的施工,并按照《建设工程施工合同(示范文本)》分别和甲、乙施工单位签订了施工合同。建设单位与乙施工单位在合同中约定,B 标段所需的部分设备由建设单位负责采购。乙施工单位按照正常的程序将 B 标段的安装工程分包给丙施工单位。在施工过程中,发生了如下事件:

　　事件 1:建设单位在采购 B 标段的锅炉设备时,设备生产厂商提出由自己的施工队伍进行安装更能保证质量,建设单位便与设备生产厂商签订了供货和安装合同并通知了监理单位和乙施工单位。

　　事件 2:总监理工程师根据现场反馈信息及质量记录分析,对 A 标段某部位隐蔽工程的质量有怀疑,随即指令甲施工单位暂停施工,并要求剥离检验。甲施工单位称:该部位隐蔽工程已经专业监理工程师验收,若剥离检验,监理单位需赔偿由此造成的损失并相应延长工期。

　　事件 3:专业监理工程师对 B 标段进场的配电设备实行检验时,发现由建设单位采购的某设备不合格,建设单位对该设备实行了更换,从而导致丙施工单位停工。因此,丙施工单位致函监理单位,要求补偿其被迫停工所遭受的损失并延长工期。

问题

1.请画出建设单位开始设备采购之前该项目各主体之间的合同关系图。

2.在事件 1 中,建设单位将设备交由厂商安装的做法是否正确? 为什么?

3. 在事件1中，若乙施工单位同意由该设备生产厂商的施工队伍安装该设备，监理单位应该如何处理？

4. 在事件2中，总监理工程师的做法是否正确？为什么？试分析剥离检验的可能结果及总监理工程师相应的处理方法。

5. 在事件3中，丙施工单位的索赔要求是否应该向监理单位提出？为什么？对该索赔事件应如何处理？

（二）

某工程项目业主与监理单位、施工单位分别签订了监理合同和施工合同。施工合同中规定，除空间钢桁架屋盖可分包给专业工程公司外，其他部分不得分包（除非业主同意）。本项目合同工期为22个月。

在工程开工前，施工单位在合同约定的日期内向总监理工程师提交了施工总进度计划（见下图）和一份工程报告。

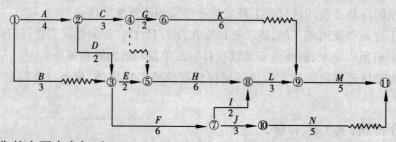

工程报告的主要内容如下：

（1）鉴于本项目需要安装专业的进口设备，需要将设备安装工程分包给专业安装公司。

（2）本项目两侧临街，且为繁华交通要道，故需在施工之前搭设遮盖式防护棚，以保证过往行人安全。此项费用未包含在投标报价中，业主应另行支付。

总监理工程师对施工单位提交的施工进度计划和工程报告进行了审核。施工单位在按总监理工程师确认的进度计划施工0.5个月后，因业主要求需要修改设计，致使工作K（混凝土工程）停工待图2.5个月。设计变更后，施工单位及时通过总监理工程师向业主提出索赔申请，详见下表。

施工单位索赔申请表

序 号	内 容	数 量	费用计算	备 注
1	新增混凝土工程量	300 m³	300×200 元＝60000 元	混凝土工程量单价200 元/m³
2	混凝土搅拌机闲置补偿	60 台班	60×100 元＝6000 元	台班费100 元/台班
3	人工窝工补偿	1800 工日	1800×28 元＝50400 元	工日费28 元/工日

在施工过程中，部分施工机械由于运输原因未能按时进场，致使工作H的实际进度在第12月底时拖后1个月。

在工作F进行过程中，发生质量事故，总监理工程师下令停工，组织召开现场会议，分析事故原因。该质量事故是由于施工单位施工工艺不符合施工规范要求所致。总监理工程师责成施工单位返工，工作F的实际进度在第12月底时拖后1个月。

问题

1. 为了确保本项目工期目标的实现,施工进度计划中哪些工作应作为重点控制对象?为什么?

2. 总监理工程师应如何处理施工单位工程报告中的各项要求?

3. 施工单位在索赔申请表中所列的内容和数量,经监理工程师审查后均属真实,但费用计算有不妥之处,请说明费用计算不妥的项目及理由。

4. 监理工程师在处理质量事故时所需的资料有哪些?

5. 请在原进度计划中用前锋线表示出第 12 个月底时工作 K、H 和 F 的实际进展情况,并分析进度偏差对工程总工期的影响。

6. 如果施工单位提出工期顺延 2.5 个月的要求,总监理工程师应批准工程延期多少?为什么?

(三)

某 6 层住宅工程项目,建筑面积 6500m²。施工人员在拆除顶层模板时,将拆下的 10 根钢管(每根长 3m)和扣件运到物料提升机吊盘上,5 名工人随吊盘一起从屋顶高处下降。此时,恰好操作该机械的操作工因上厕所离开岗位,一名刚刚招来两天的木工开动了卷扬机。在物料吊盘下降过程中,钢丝绳突然折断,人随吊盘下落坠地,造成 1 人死亡 4 人重伤的恶性后果。

问题

1. 按照住房和城乡建设部《建设工程重大事故报告和调查程序规定》,本工程这起重大事故可定为哪种等级的重大事故?符合哪些条件可定为该级重大事故?

2. 发生生产安全事故后,应怎样进行事故现场处理?

3. 简要分析造成事故的原因。

参考答案

一、单项选择题

1. C	2. A	3. B	4. B	5. C
6. B	7. D	8. A	9. A	10. A
11. B	12. A	13. C	14. D	15. C
16. C	17. D	18. A	19. D	20. D
21. A	22. D	23. C	24. B	25. D
26. B	27. D	28. D	29. D	30. B
31. B	32. B	33. D	34. C	35. D
36. A	37. B	38. B	39. B	40. D

二、多项选择题

41. BCDE	42. ABC	43. ABCD	44. ACD	45. BCD
46. BCDE	47. ABC	48. ACD	49. BC	50. ABDE

三、案例分析题

（一）

1. 建设单位开始设备采购之前该项目各主体的合同关系图见下图。

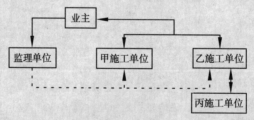

2. 建设单位将设备交由厂商安装的做法是错误的。

理由：在本事件中，锅炉设备厂商实际充当的是分包商，建设单位对分包合同当事人的权利义务如何约定不参与意见，与分包商也不能有任何合同关系。

3. 如果乙施工单位同意由该设备生产厂商的施工队伍安装该设备，监理工程师应依据主合同对该设备生产厂商的资质进行审查，行使确认权和否定权，对该设备生产厂商使用的材料、设备、施工工艺、工程质量进行监督管理。

4. 总监理工程师的做法是正确的。

理由：无论工程师是否参加验收，当其对某部分的质量有怀疑，均可要求承包人对已经隐蔽工程进行重新检验，承包人应配合检验，并在检验后重新修复。

剥离检验的可能结果有两种，即质量合格和质量不合格。

总监理工程师对可能结果作出相应的处理方法是:

如重新检验合格,发包人承担由此发生的全部追加合同价款,赔偿承包人的损失,并相应顺延工期。

如检验不合格,承包人承担发生的全部费用,工期不予顺延。

5. 丙施工单位的索赔要求不应该向监理单位提出。

理由:不论事件起因于业主或工程师的责任,还是承包商应承担的义务,当分包商认为自己的合法权益受到损害时,分包商只能向承包商提出索赔要求,不能向工程师提出。

对该索赔事件应该这样处理:由丙施工单位向乙施工单位提出索赔要求,乙施工单位认为丙施工单位的索赔要求合理,要及时按照主合同规定的索赔程序,以乙施工单位的名义就该事件向工程师递交索赔报告,工程师应批准索赔报告,索赔获得批准顺延的工期加到分包合同工期中,得到支付的索赔款按照公平合理的原则由乙施工单位转交给丙施工单位。

(二)

1. 工作 A、D、E、H、L、M、F、I 应作为重点控制对象。因为它们是关键工作(总时差为零)。

判断关键线路方法,从时标网络计划的终点节点起逆箭头方向到网络计划起点节点的通路上,没有波形线的线路就是关键线路。从该时标网络计划上可以看出有两条关键线路,关键线路上的工作即为关键工作。

2. 工程报告内容中的第 1 条分包问题,监理工程师报业主批准。如果业主同意分包,监理工程师需要审查分包商资质。如果业主不同意分包,则不得分包。

工程报告中第 2 条内容,此项费用不应由业主支付。

3. 施工单位的索赔申请表中的第 2 项、3 项费用计算不妥。因为设备闲置不能按台班费计算(或应按折旧费、租赁费或闲置补偿计算),人工窝工不能按工日费计算(或应按窝工补偿费计算)。

4. 处理质量事故时所需资料

(1)与工程质量事故有关的施工图。

(2)与工程施工有关的资料、记录。

(3)事故调查分析报告。

5. 前锋线如下图所示。

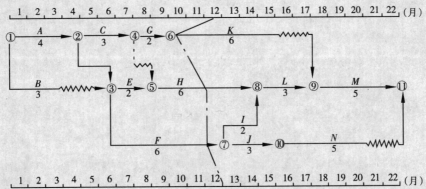

从上图可看出:

(1)工作 K 拖后 2.5 个月,其总时差为 2 个月,故将影响工期 0.5 个月。

(2)工作 H 拖后 1 个月,其总时差为零,故将使工期延长 1 个月。

（3）工作 F 拖后 1 个月，其总时差为零，故将使工期延长 1 个月。

综上所述，由于工作 K、H 和 F 的拖后，工期将延长 1 个月。

6. 监理工程师应批准工程延期 0.5 个月。因为工作 H、F 的拖后均属施工单位自身的原因造成的，只有工作 K 的拖后可以考虑给予工程延期。

由于工作 K 原有总时差为 2 个月，$(2.5-2)$ 月 $=0.5$ 月，故监理工程师应批准工程延期 0.5 个月。

（三）

1. 四级重大事故。具备下列条件之一者为四级重大事故：死亡 2 人以下；重伤 3 人以上，19 人以下；直接经济损失 10 万元以上，不满 30 万元。

2. 应严格保护事故现场，采取有效措施抢救人员和财产，防止事故扩大。需要移动现场物件时，应当作出标记和书面记录，妥善保管有关物证，并在规定时间（24 小时之内）上报有关部门。

3. 造成这起事故的主要原因是：违反了货运升降机载人上下的安全规定；违反了卷扬机应由经过培训且取得合格证的人员操作的规定；对卷扬机缺少日常检查和维修保养。

全真模拟试卷(三)

一、单项选择题(共40题,每题1分。每题的备选项中,只有1个最符合题意)

场景(一) 有一个小型建筑工程,要布设施工控制网,以施工控制点作为基础,测设建筑物的主轴线,然后根据主轴线进行建筑物的细部放样。在施工过程中,采用经纬仪、水准仪等测量工具进行了测角、测距和测高差。其中高程测量的数据:A点高程为36.05m,现取A点为后视点,B点为前视点,水准测量,前视点读数为1.12m,后视点读数为1.22m。

根据场景(一),回答下列问题:

1. 在一般工程水准测量中通常使用( )。
   A. DS3 型水准仪　　　B. DS0.5 型水准仪　　　C. DS10 型水准仪　　　D. DS1 型水准仪

2. 经纬仪是由照准部、( )和基座三部分组成。
   A. 水平度盘　　　B. 望远镜　　　C. 支架　　　D. 数据记录

3. B 点高程为( )m。
   A. 36.95　　　B. 36.15　　　C. 35.95　　　D. 37.15

4. 当建筑场地的施工控制网为方格网或轴线形式时,采用( )放线最为方便。
   A. 角度前方交会法　　B. 极坐标法　　　C. 直角坐标法　　　D. 方向线交会法

5. 主要功能是测量两点间高差的一种仪器是( )。
   A. 经纬仪　　　B. 水准仪　　　C. 全站仪　　　D. 光电测距仪

场景(二) 某工程建筑面积达 30 万 m^2,是一组功能齐全,服务设施完善的超大型建筑群。其工程特点为基础平面大,基础轴线尺寸东西长740m,南北宽102.2m,整个基坑面积超过38 万 m^3。防水施工采用刚性防水混凝土施工。在进行施工总平面图的设计时,按如下步骤:引入场外交通道路→布置加工厂和混凝土搅拌站→布置仓库→布置临时水电管线网和其他动力设施→布置内部运输道路→绘制正式的施工总平面图。施工时,采用重锤表层夯实进行地基处理。

根据场景(二),回答下列问题:

6. 设备基础浇筑一般应分层浇筑,并保证上下层之间不留施工缝,每层混凝土的厚度为( )mm。
   A. 50 ~ 100　　　B. 100 ~ 150　　　C. 100 ~ 200　　　D. 200 ~ 300

7. 对于大直径地脚螺栓,在混凝土浇筑过程中,应用( )随时观测,发现偏差及时纠正。
   A. 水准仪　　　B. 经纬仪　　　C. 铅垂仪　　　D. 触探仪

8. 水泥土搅拌桩地基施工结束后,进行强度检验时,对承重水泥土搅拌桩应取( )天后的试件。
   A. 30　　　B. 90　　　C. 45　　　D. 100

9. 对桩基础的桩身质量应进行检验时,如果设计等级为甲级或地质条件复杂,抽检质量可靠性低的灌注桩,抽检数量不应少于总数的( ),且不应少于20 根。
   A. 30%　　　B. 25%　　　C. 20%　　　D. 15%

10. 混凝土预制桩施工中应对桩体垂直度、沉桩情况、桩顶完整状况、接桩质量等进行检查,对电焊接桩,重要工程应做( )的焊缝探伤检查。

    A.10%   B.2%   C.3%   D.5%

场景(三) 某施工单位承建某公司高档 20 层钢结构写字楼 1 幢;总建筑面积为 24000m²,抗震设防烈度为 7 度。钢结构构件中,放样的内容包括核对图样的安装尺寸和孔距,以 1∶1 大样放出节点,核对各部分的尺寸,制作样板和样杆。环境温度在 5～38℃ 之间时,可进行涂装。本施工单位采用 B 类防火涂料装。

根据场景(三),回答下列问题:

11. 钢结构中受弯构件最常见的是( )。

    A. 钢梁   B. 柱的压杆   C. 桁架的压杆   D. 脚手架竖杆

12. 钢结构构件制作质量检验合格后进行除锈和涂装。一般安装焊缝处留出( )mm 暂不涂装。

    A.60～70   B.30～50   C.65～75   D.50～80

13. 施工单位首次采用的钢材、焊接材料、焊接方法等,应进行焊接( )。

    A. 技术检验   B. 工艺选择   C. 工艺评定   D. 质量验收

14. 防腐涂料涂装的主要施工工艺流程是( )

    A. 基面处理→底漆涂装→中间漆涂装→面漆涂装→检查验收

    B. 检查验收→基面处理→底漆涂装→中间漆涂装→面漆涂装

    C. 面漆涂装→检查验收→底漆涂装→中间漆涂装→基面处理

    D. 底漆涂装→基面处理→中间漆涂装→面漆涂装→检查验收

15. B 类防火涂料涂装时,涂层厚度一般为( )mm。

    A.2～7   B.5～8   C.6～9   D.4～10

场景(四) 某别墅室内精装修工程,客厅平面尺寸为 9m×12m,吊顶为轻钢龙骨石膏板;装饰设计未注明吊顶起拱高度、主龙骨和吊杆固定点的安装间距。在施工中,对不同材料基体交接处表面抹灰采用加强网防止开裂;饰面板(砖)采用湿作业法施工。

工程完工后,依据《住宅装饰装修工程施工规范》(GB 50327—2001)和《民用建筑工程室内环境污染控制规范》(GB 50325—2001)进行了验收。

根据场景(四),回答下列问题:

16. 客厅吊顶工程安装主龙骨时,应按( )mm 起拱。

    A.9～27   B.12～36   C.18～42   D.24～48

17. 本工程轻钢龙骨、主龙骨的安装间距宜为( )mm。

    A.1000   B.1300   C.1500   D.1800

18. 本工程防止开裂的加强网与各基体的搭接宽度,最小不应小于( )mm。

    A.50   B.100   C.150   D.200

19. 饰面板(砖)采用湿作业法施工时,应进行防碱背涂处理的是( )。

    A. 人造石材   B. 抛光砖   C. 天然石材   D. 陶瓷锦砖

20. 本工程墙、地饰面使用天然花岗石材或瓷质砖的面积大于( )m² 时,应对不同产品、不同批次材料分别进行放射性指标复验。

    A.100   B.150   C.200   D.300

场景（五） 某宾馆室内装饰装修工程的吊顶采用轻钢龙骨吊顶。吊顶工程安装龙骨前，按设计要求对房间净高、洞口标高、吊顶内管道设备标高及其支架的标高进行交接检验。吊顶施工完成后，经验收合格。

根据场景（五），回答下列问题：

21.主龙骨起拱高度应符合设计要求，设计无要求时起拱高度应按房间短向跨度的（　　）起拱。

A.0.1% ~0.3%　　B.0.2% ~0.4%　　C.0.3% ~0.5%　　D.0.5% ~0.8%

22.龙骨安装要求，固定板材的次龙骨间距不得大于（　　）mm。

A.400　　　　B.600　　　　C.800　　　　D.1000

23.吊顶工程的龙骨上严禁安装重量大于（　　）kg的重型灯具、电扇及其他设备。

A.1.5　　　　B.2.0　　　　C.2.5　　　　D.3.0

24.在龙骨吊顶测量放线时，吊杆的固定点的间距一般应不超过（　　）m。

A.0.8　　　　B.1　　　　C.1.2　　　　D.1.5

25.龙骨安装中，立面垂直度允许偏差（　　）mm。

A.3　　　　B.5　　　　C.7　　　　D.9

场景（六） 住户刘某在2005年12月对住房进行了吊顶装修，装修完毕后未发现质量问题。然而使用半年后发现顶面石膏板开始出现裂缝、翘曲等现象。经检查发现，由于该住户屋顶有渗漏现象，造成吊顶龙骨变形及吊顶用材料膨胀。住户要求施工单位赔偿，但施工单位以施工时间太长且造成质量问题的原因是由于屋面防水工程引起为由拒赔。

根据场景（六），回答下列问题：

26.吊顶工程中龙骨不外露，饰面板表面呈整体，一般考虑上人的吊顶形式是（　　）。

A.活动式吊顶　　B.明龙骨吊顶　　C.暗龙骨吊顶　　D.直接式顶棚

27.明龙骨吊顶工程吊顶内填充吸声材料应有（　　）措施。

A.防散落　　　B.防火　　　C.防潮　　　D.防腐

28.暗龙骨吊顶工程中下列四项中不需进行防腐处理的是（　　）。

A.金属吊杆　　B.金属龙骨　　C.木龙骨　　D.石膏板

29.主龙骨起拱高度应符合设计要求，设计无要求时起拱高度应按房间短向跨度的（　　）起拱。

A.0.1% ~0.3%　　B.1% ~3%　　C.0.5% ~0.8%　　D.0.3% ~0.5%

30.对骨架隔墙的外观质量要求是（　　）。

A.接缝材料的接缝方法符合设计要求　　B.墙面板无脱层、翘曲

C.孔洞、槽位置正确　　　　　　　　　D.表面洁净、无裂缝

场景（七） 某高层住宅区，建筑面积为30万 m²，全现浇框架-剪力墙结构。该市位于华北平原，春季经常有4级以上的大风，偶尔还有沙尘暴发生。施工单位采取了积极的措施，如洒水降尘、覆盖坡面等，尽量减少对附近居民的不良影响。但由于该项目规模庞大，土方施工期较长，仍不可避免地会出现扬尘现象。为此，该项目部主动与周边小区委员会联系，做好协调解释工作，取得了周边居民的谅解。

根据场景（七），回答下列问题：

31.在城市市区范围内从事建筑工程施工项目，必须在工程开工（　　）日以前向工程所在

地县级以上地方人民政府环境保护管理部门申报登记。

    A. 20   B. 30   C. 40   D. 15

32. 施工现场污水排放要与所在地县级以上人民政府（   ）签署污水排放许可协议，申请领取"临时排水许可证"。

    A. 市政管理部门   B. 环境保护管理部门

    C. 城建管理部门   D. 垃圾消纳中心

33. 下列不属于建筑业中常见的环境因素的是（   ）。

    A. 化学品   B. 爆炸物   C. 废弃物   D. 粉尘

34. 下列对于施工现场空气污染的防治措施中，不正确的是（   ）。

    A. 施工现场垃圾渣土要及时清理出现场

    B. 机动车（内部）进出不受限制

    C. 工地茶炉应尽量采用电热水器

    D. 高大建筑物清理施工垃圾时，要使用封闭式容器

    场景（八）   某装饰公司承接了寒冷地区某大厦的室内、室外装饰工程。其中，室内地面采用地板砖拼贴、吊顶工程部分用木龙骨、室外墙面用铝板幕墙，采用进口硅酮结构密封胶、铝塑复合板，其余为加气混凝土外镶贴陶瓷砖。施工过程中，发现施工单位未对木龙骨进行检验和处理就用到工程上，在送待检时，施工单位未经监理许可就进行了外墙饰面拼贴施工，待复验报告出来，部分指标未能达标，外墙面施工前，工长安排工人在陶粒空心砖墙面上做了外墙饰面砖样板件，并对其质量验收进行了允许偏差的检验。

    根据场景（八），回答下列问题：

35. 建筑工程采用的主要材料、半成品、成品、（   ）、器具和设备应进行现场验收。

    A. 建筑构（配）件   B. 工具   C. 施工机械   D. 检试验用具

36. 凡涉及安全、功能的有关产品，应按各专业工程质量验收规范规定进行复验，并应经（   ）检查认可。

    A. 施工单位技术负责人   B. 设计单位

    C. 建设单位项目负责人   D. 监理工程师（建设单位技术负责人）

37. 主体结构工程应由（   ）组织进行验收。

    A. 项目经理   B. 施工单位质量负责人

    C. 设计负责人   D. 总监理工程师

38. 工程的（   ）应由验收人员通过现场检查，并应共同确认。

    A. 观感质量   B. 设计质量   C. 使用功能   D. 抽样检测

39. 建筑工程施工应符合工程勘察（   ）文件的要求。

    A. 施工   B. 购料   C. 设计   D. 检测

40. 单位工程质量验收合格不符合规定的是（   ）；主要功能项目的抽查结果应符合相关专业质量验收规范的规定。

    A. 质量控制资料应完善

    B. 有施工单位签署的工程质量保修书

    C. 观感质量验收符合要求

    D. 单位工程所含分部工程有关安全和功能的检测资料应完整

二、多项选择题(共 10 题,每题 2 分。每题的备选项中,有 2 个或 2 个以上符合题意,至少有 1 个错项。错选,本题不得分;少选,所选的每个选项得 0.5 分)

场景(九) 某房屋建筑公司在某市承建某外资公司 15 层高级员工公寓,主体是全现浇钢筋混凝土框架-剪力墙结构,建筑面积 32000m²,建筑高度 55.5m,筏板基础。

根据场景(九),回答下列问题:

41.厚大体积混凝土浇筑时,浇筑方案根据整体性要求、结构大小、钢筋疏密及混凝土供应情况可以选择(   )等三种方式。

　　A.全面分层　　　　　　B.部分分层　　　　　　C.分段分层　　　　　　D.斜面分层

　　E.正面分层

42.下列关于剪力墙结构优缺点的描述,正确的是(   )。

　　A.优点是侧向刚度大,在水平荷载作用下的侧移小

　　B.优点是剪力墙间距小,建筑平面布置灵活

　　C.缺点是侧向刚度大,在水平荷载作用下的侧移大

　　D.缺点是剪力墙间距小,建筑平面布置不灵活

　　E.缺点是不适合要求大空间的公共建筑

43.下列选项中,属于大体积混凝土控制裂缝的措施有(   )。

　　A.优先选用低水化热的矿渣水泥拌制混凝土,并适当使用缓凝减水剂

　　B.在保证混凝土设计强度等级前提下,适当提高水灰比,减少水泥用量

　　C.降低混凝土的入模温度,控制混凝土内外的温差

　　D.及时对混凝土覆盖保温材料

　　E.可直接向混凝土中加入冷水,强制降低混凝土水化热温度

44.钢筋混凝土的优点有(   )。

　　A.强度较高,钢筋和混凝土两种材料的强度都能充分利用

　　B.可模性好,适用面广

　　C.抗冻性较好,维护费用低

　　D.易于就地取材

　　E.适用于抗震抗爆结构

45.下列表述中,正确的有(   )。

　　A.冬期施工中,配制混凝土用的水泥,不宜用火山硅酸盐水泥和粉煤灰硅酸盐水泥

　　B.冬期施工中,最小水泥用量不宜少于 350kg/m³

　　C.冬期施工中,水灰比不应大于 0.6

　　D.大体积混凝土浇筑完毕后,为了确保新浇筑的混凝土有适宜的硬化条件,防止在早期由于干缩而产生裂缝,应在 24 小时内加以覆盖和浇水

　　E.大体积混凝土浇筑完毕后,由矿渣水泥、火山灰硅酸盐水泥等拌制的混凝土养护时间不得少于 14 天

场景(十) 某大厦工程,钢筋混凝土框架结构,地上 10 层,地下 1 层,建筑面积 45000m²,基础为钢筋混凝土筏板基础。工程施工场地位于市内繁华地段。为加快施工进度,该工地未按当地规定的时间停工,噪声严重影响居民。其违规作业受到周边居民的投诉,而后被有关部门对其

进行了处罚。

根据场景(十),回答下列问题:

46. 噪声按来源主要分为( )。

    A.工厂生产噪声　　B.交通噪声　　　C.建筑施工噪声　　D.社会生活噪声

    E.市场噪声

47. 噪声是影响面最广的一类环境污染,其危害包括( )。

    A.损伤听力　　　　B.干扰睡眠　　　C.影响人的心理　　D.影响语言交流

    E.影响生活

48. 下列有关白天进行打桩施工时噪声的分贝,符合标准的是( )dB。

    A.65　　　　　　　B.105　　　　　　C.85　　　　　　　D.95

    E.75

49. 大体积混凝土的浇筑方案主要有( )等方式。

    A.均匀分层　　　　B.交错分层　　　C.全面分层　　　　D.分段分层

    E.斜面分层

50. ( )不利于大体积混凝土的施工。

    A.掺入一定量的粉煤灰　　　　　　　B.尽量增加水泥用量

    C.降低浇筑层的高度　　　　　　　　D.选用硅酸盐水泥

    E.掺入一定量的石灰

三、案例分析题(共3题,每题20分)

(一)

　　某医院决定投资1亿余元,兴建一幢现代化的住院综合楼。其中土建工程采用公开招标的方式选定施工单位,但招标文件对省内的投标人与省外的投标人提出了不同的要求,也明确了投标保证金的数额。该院委托某建筑事务所为该项工程编制标底。2008年10月6日招标公告发出后,共有A、B、C、D、E、F共6家省内的建筑单位参加了投标。投标文件规定2008年10月30日为提交投标文件的截止时间,2008年11月13日举行开标会。其中,D单位在2008年10月25日提出要撤回其投标文件,E单位在2008年10月30日提交了投标文件,但2008年11月1日才提交投标保证金。开标会由该省建委主持。结果,某建筑事务所编制的标底高达6200多万元,其中的A、B、C、D共4个投标人的投标报价均在5200万元以下,与标底相差1000万余元,引起了投标人的异议。这4家投标单位向该省建委投诉,称该建筑事务所擅自更改招标文件中的有关规定,多计漏算多项材料价格。为此,该院请求省建委对原标底进行复核。2009年1月28日,被指定进行标底复核的省建设工程造价总站(以下简称总站)拿出了复核报告,证明某建筑事务所在编制标底的过程中确实存在这4家投标单位所提出的问题,复核标底额与原标底额相差近1000万元。

　　由于上述问题久拖不决,导致中标书在开标3个月后一直未能发出。为了能早日开工,该院在获得了省建委的同意后,更改了中标金额和工程结算方式,确定某省某公司为中标单位。

问题

1. 上述招标程序中,有哪些不妥之处?请说明理由。

2. E单位的投标文件应当如何处理?为什么?

3. 对D单位撤回投标文件的要求应当如何处理?为什么?

4.问题久拖不决后,该医院能否要求重新招标?为什么?

5.如果重新招标,给投标人造成的损失能否要求该医院赔偿?为什么?

(二)

某建筑安装工程公司承担了一工程项目的装修任务,合同工期为120天,合同价款为300万元。

该建筑安装工程公司项目经理部根据施工合同和自身的技术水平为该工程编制了施工组织设计,该施工组织设计包括施工组织总设计、单位工程施工组织设计和分部(分项)工程施工组织设计,在施工组织总设计的编制中,项目经理部在编制完成资源需求量计划后,确定了施工总进度计划,在施工总进度计划明确后,拟定具体的施工方案。

该安装工程公司项目经理部在保证工期和质量满足要求的前提下,对施工成本采取了一定的控制管理措施,在具体的施工成本管理中实施了以下措施:

(1)加强施工调度。

(2)编制安全使用计划,确定施工成本管理目标。

(3)采用先进的施工技术。

(4)提出风险应对策略。

问题

1.该工程项目经理部在施工组织设计编制过程中存在哪些不妥,并改正。

2.施工组织总设计、单位工程施工组织设计和分部分项工程施工组织设计分别是以何为对象进行编制的?

3.施工成本管理的措施可归纳为哪几类?以上四项具体措施应归入哪一类?

4.施工成本管理的环节主要有哪些?

5.施工成本控制的目标是什么?

(三)

某工程项目,采用钢筋混凝土剪力墙结构,施工顺序划分为基础工程、主体结构工程、机电安装工程和装饰工程四个施工阶段。

施工承包单位对该工程的施工方法进行了选择,拟采用以下施工方案。

(1)土石方工程采用人工挖土方,放坡系数为1:0.5,待挖土至设计标高进行验槽,验槽合格后进行下道工序。

(2)砌筑工程的墙身用皮数杆控制,先砌外墙后砌内墙,370mm 墙采用单面挂线,以保证墙体平整。

(3)屋面防水分项工程的防水材料进场后,检查出厂合格证后即可使用。

(4)扣件式钢管脚手架的作业层非主节点处的横向水平杆的最大间距不应大于纵距的3/4。

问题

1.施工承包单位采用的施工方案有何不妥?请指出并改正。

2.针对砌筑工程在选择施工方案时的主要内容包括哪些?

3.扣件式钢管脚手架的作业层上非主节点处的横向水平杆宜根据什么来设置间距?

参考答案

一、单项选择题

1. A	2. A	3. C	4. C	5. B
6. D	7. B	8. B	9. A	10. A
11. A	12. B	13. C	14. A	15. A
16. A	17. A	18. B	19. C	20. C
21. A	22. B	23. D	24. C	25. B
26. C	27. A	28. D	29. A	30. D
31. D	32. A	33. B	34. B	35. A
36. D	37. D	38. A	39. C	40. B

二、多项选择题

41. ACD	42. ADE	43. ACD	44. ABDE	45. AC
46. ABCD	47. ABCD	48. ACE	49. CD	50. BD

三、案例分析题

（一）

1. 在上述招标投标程序中,不妥之处如下:

(1)在公开招标中,对省内的投标人与省外的投标人提出了不同的要求。因为公开招标应当平等地对待所有的投标人,不允许对不同的投标人提出不同的要求。

(2)提交投标文件的截止时间与举行开标会的时间不是同一时间。按照《招标投标法》的规定,开标应当在招标文件确定的提交投标文件截止时间的同一时间公开进行。

(3)开标会由该省建委主持。开标应当由招标人或者招标代理人主持,省建委作为行政管理机关只能监督招标活动,不能作为开标会的主持人。

(4)中标书在开标3个月后一直未能发出。评标工作不宜久拖不决,如果在评标中出现无法克服的困难,应当及早采取其他措施(如宣布招标失败)。

(5)更改中标金额和工程结算方式,确定某省某公司为中标单位。如果不宣布招标失败,则招标人和中标人应当按照招标文件和中标人的投标文件订立书面合同,招标人和中标人不得再行订立背离合同实质性内容的其他协议。

2. E单位的投标文件应当被认为是无效投标而拒绝。因为投标文件规定的投标保证金是投标文件的组成部分,因此,对于未能按照要求提交投标保证金的投标(包括期限),招标单位将视为不响应投标而予以拒绝。

3. 对D单位撤回投标文件的要求,应当没收其投标保证金。因为投标行为是一种要约,在投标有效期内撤回其投标文件的,应当视为违约行为。因此,招标单位可以没收 D 单位的投标保证金。

4.问题久拖不决后,某医院可以要求重新进行招标。理由如下:

（1）一个工程只能编制一个标底。如果在开标后（即标底公开后）再复核标底,将导致具体的评标条件发生变化,实际上属于招标单位的评标准备工作不够充分。

（2）问题久拖不决,使得各方面的条件发生变化。再按照最初招标文件中设定的条件订立合同是不公平的。

5.如果重新进行招标,给投标人造成的损失不能要求该医院赔偿。虽然重新招标是由于招标人的准备工作不够充分导致的,但并非属于欺诈等违反诚实信用的行为。而招标在合同订立中仅仅是要约邀请,对招标人不具有合同意义上的约束力,招标并不能保证投标人中标,投标的费用应当由投标人自己承担。

（二）

1.该工程项目经理部在施工组织设计编制过程中存在的不妥:

（1）不妥之处:项目经理部根据施工合同和自身的技术水平编制施工组织设计。

正确做法:施工组织设计的编制要结合工程对象的实际特点,施工条件和技术水平进行综合考虑。

（2）不妥之处:项目经理部在编制完成资源需求量计划后,确定了施工总进度计划。

正确做法:编制施工总进度计划后才可编制资源需求量计划。

（3）不妥之处:在施工总进度计划明确后,拟定具体的施工方案。

正确做法:拟订施工方案后才可编制施工总进度计划。

2.施工组织总设计是以整个建设工程项目为对象而编制的。单位工程施工组织设计是以单位工程为对象编制的。

分部（分项）工程施工组织设计是针对某些特别重要的、技术复杂的,或采用新工艺、新技术施工的分部（分项）工程为对象编制的。

3.施工成本管理措施可归纳为组织措施、技术措施、经济措施、合同措施。

（1）加强施工调度属于组织措施。

（2）编制安全使用计划,确定施工成本管理目标属于经济措施。

（3）采用先进的施工技术属于技术措施。

（4）提出风险应对措施属于合同措施。

4.施工成本管理的环节主要包括:

（1）施工成本预测。

（2）施工成本计划。

（3）施工成本控制。

（4）施工成本核算。

（5）施工成本分析。

（6）施工成本考核。

5.施工成本控制的目标是合同文件和成本计划。

（三）

1. 施工承包单位采用的施工方案的不妥之处：

（1）不妥之处：先砌外墙后砌内墙。

正确做法：内外墙同时砌筑。

（2）不妥之处：370mm 墙采用单面挂线。

正确做法：370mm 墙采用双面挂线。

（3）不妥之外：防水材料进场后，检查出厂合格证后即可使用。

正确做法：防水材料进场后，要检查出厂合格证和试验室的复试报告，试验合格后方可使用。

（4）不妥之处：扣件式钢管脚手架的作业层非主节点处的横向水平杆的最大间距不应大于纵距的 3/4。

正确做法：作业层非主节点处的横向水平杆的最大间距不应大于纵距的 1/2。

2. 砌筑工程在选择施工方案时的主要内容

（1）砌体的组砌方法和质量要求。

（2）弹性及皮数杆的控制要求。

（3）确定脚手架搭设方法及安全网的挂设方法。

3. 扣件式钢管脚手架作业层上非主节点处的横向水平杆，宜根据支撑脚手板的需要设置间距。

全真模拟试卷(四)

一、单项选择题(共40题,每题1分。每题的备选项中,只有1个最符合题意)

场景(一) 某海滨城市一建筑工程,16层施工时正遇台风多雨季节,为了保质保量完成施工任务,项目部制定了安全文明保障措施,落实了防火措施,主要部位设置了安全警示标志牌,并加强了对高空作业人员的安全教育。安全员在检查时,发现存在以下问题:①下雨天,地下室用电不符合要求;②临时消防水管不符合要求;③电焊工动火时未经审批批准。

根据场景(一),回答下列问题:

1. 地下室应采用外围形成整体的防水做法,但当设计最高地下水位低于地下室底板0.30 ~ 0.50m,且基地范围内的土及回填土无形成上层漏水可能时,可采用(　　)。

    A.防潮做法　　　　　　B.防渗做法　　　　　　C.防漏做法　　　　　　D.防水做法

2. 施工现场防火,下列属于一级防火的是(　　)。

    A.登高焊、割等用火作业

    B.小型油箱等容器用火作业

    C.在具有一定危险因素的非禁火区域内进行临时焊、割等用火作业

    D.现场堆有大量可燃和易燃物质的场所

3. 符合安全警示标志安全色的是(　　)。

    A.红、黑、蓝、绿　　　B.红、黄、蓝、绿　　　C.黄、白、蓝、绿　　　D.红、白、黄、蓝

4. 构造简单,施工方便,造价较低,对温度变化、屋顶基层的变形适应性均较差,易开裂等,属于(　　)。

    A.刚性防水　　　　　　B.涂料防水　　　　　　C.柔性防水　　　　　　D.粉状材料防水

5. 该项目部为贯彻 ISO 14000 环境管理体系,制定了建筑工程施工环境管理计划,下列不属于环境保护内容的是(　　)。

    A.噪声控制　　　　　　B.固体废弃物控制　　　C.污水控制　　　　　　D.易燃易爆物控制

场景(二) 某建筑公司承建了某地地处繁华市区的地下车库工程,该工程紧邻城市主要干道,施工场地狭窄。结构形式采用框架-剪力墙结构,基础类型为静力压桩基础(预应力钢筋混凝土管桩),工程总建筑面积20000m²,基础开挖采用正铲挖掘机。

根据场景(二),回答下列问题:

6. 土方开挖时,当土体含水量大且不稳定,或边坡较陡、基坑较深、地质条件不好时,应采取(　　)措施。

    A.降水　　　　　　　　B.加固　　　　　　　　C.放坡　　　　　　　　D.分段开挖

7. 土方开挖顺序、方法必须与设计工况相一致,并遵循开槽支撑,(　　),严禁超挖的原则。

    A.先挖后撑,分层开挖　　　　　　　　　　B.先撑后挖,分段开挖

    C.先挖后撑,分段开挖　　　　　　　　　　D.先撑后挖,分层开挖

8. 在地下水位以下挖土,应将水位降低至坑底以下(　　)mm,以利挖方进行。

A. 200　　　　　B. 300　　　　　C. 500　　　　　D. 700

9. 土方挖方边坡出现塌方的原因可能是(　　)。

A. 土的含水量过大　B. 夯压遍数不够　C. 基坑开挖坡度不够　D. 土的含水量过小

10. 回填土料含水率高或土料不符合要求或分层高度过大,无法夯压密实时,可能会造成(　　)。

A. 回填土密实度达不到要求　　　　　　B. 房心回填土沉陷

C. 挖方边坡塌方　　　　　　　　　　　D. 基坑泡水

场景(三)　某建筑工程建筑面积 200000m²,混凝土现浇结构,泥浆护壁成孔灌注桩基础,地下 2 层、地上 12 层,基础埋深 12m,该工程位于繁华市区,施工场地狭小。工程所在地区地势北高南低,施工单位的降水方案计划在基坑南边布置单排轻型井点。基础开挖到设计标高后,施工单位和监理单位对基坑进行验槽,并对基底进行了钎探,发现地基东南角有约 350m² 软土区,监理工程师随即指令施工单位进行换填处理。后在施工过程中发生泥浆护壁灌注桩坍孔。

根据场景(三),回答下列问题:

11. 土方施工中,按开挖的难易程度,将土质分为八类,其中属于三类土的是(　　)。

A. 松软土　　　　B. 坚土　　　　C. 普通土　　　　D. 坚石

12. 土的可松性是土经挖掘以后,组织破坏,体积增加的性质,以后虽经回填压实,仍不能恢复成原来的体积。土的可松性程度一般以(　　)表示。

A. 可松性系数　　　B. 可松度　　　C. 压缩率　　　　D. 休止角

13. 泥浆护壁成孔灌注桩施工过程中,要控制好混凝土的浇筑,钢筋定位验收后必须在(　　)小时内浇捣混凝土,以防坍孔。

A. 1　　　　　　B. 2　　　　　　C. 3　　　　　　D. 4

14. 泥浆护壁成孔灌注桩施工结束后,应检查桩体混凝土强度,并应做(　　)检验。

A. 承载力　　　　　　　　　　　　　B. 承载力和贯入度

C. 桩体质量和贯入度　　　　　　　　D. 桩体质量和承载力

15. 造成泥浆护壁灌注桩坍孔的原因可能是(　　)。

A. 成孔后孔底虚土过多　　　　　　　B. 混凝土强度不够

C. 护筒埋置太浅,下端孔坍塌　　　　D. 泥浆相对密度过大

场景(四)　某办公楼工程,建筑面积 2.5 万 m²,工程基础采用桩基础,主体为框架-剪力墙结构,由某建筑公司负责施工。在工程施工过程中,发生了如下事件:

事件一:桩基础采用干作业成孔灌注桩,成孔后孔底虚铺土厚度 120mm。

事件二:在二层框架-剪力墙结构施工过程中,发现部分梁表面出现蜂窝和孔洞。

事件三:在主体结构施工过程中,三层混凝土部分试块强度达不到设计要求,但对实际强度经测试论证,仍达不到要求,后经设计单位验算能够满足结构安全性能。

根据场景(四),回答下列问题:

16. 本工程事件一中,成孔后孔底虚铺土厚度合理的是(　　)mm。

A. 100　　　　　B. 110　　　　　C. 120　　　　　D. 140

17. 事件二中,下列对于梁混凝土产生蜂窝和孔洞的原因分析错误的是(　　)。

A. 混凝土拆模过晚　　　　　　　　　B. 混凝土坍落度、和易性不好

C. 混凝土浇筑时振捣不当　　　　　　　　D. 钢模板脱模剂涂刷不均匀

18. 小蜂窝可先用水冲洗干净, 用( )水泥砂浆修补。
　　A. 1：1　　　　B. 1：2　　　　C. 1：3　　　　D. 1：4

19. 三层混凝土强度等级( )。
　　A. 偏高　　　　B. 偏低　　　　C. 不变　　　　D. 无法确定

20. 混凝土配合比应采用( )。
　　A. 体积比　　　　B. 性能比　　　　C. 质量比　　　　D. 容量比

场景(五)　某施工单位承接了北方严寒地区一幢钢筋混凝土建筑工程的施工任务。该工程基础埋深 -6.5m, 当地枯水期地下水位 -7.5m, 丰水期地下水位 -5.5m。施工过程中, 施工单位进场的一批水泥经检验其初凝时间不符合要求, 另外由于工期要求很紧, 施工单位不得不在冬期进行施工, 直至 12 月 30 日结构封顶, 而当地 11 月、12 月的日最高气温只有 -3℃。在现场检查时发现, 部分部位的安全网搭设不符合规范要求, 但未造成安全事故。当地建设主管部门要求施工单位停工整顿, 施工单位认为主管部门的处罚过于严厉。

根据场景(五), 回答下列问题：

21. 本工程基础混凝土应优先选用强度等级大于或等于 C42.5 的( )。
　　A. 矿渣硅酸盐水泥　B. 火山灰硅酸盐水泥C. 粉煤灰硅酸盐水泥　D. 普通硅酸盐水泥

22. 本工程在 11 月、12 月施工时, 不宜使用的外加剂是( )。
　　A. 引气剂　　　　B. 缓凝剂　　　　C. 早强剂　　　　D. 减水剂

23. 本工程施工过程中, 初凝时间不符合要求的水泥需( )。
　　A. 作废品处理　B. 重新检测　　C. 降级使用　　　D. 用在非承重部位

24. 本工程在风荷载作用下, 为了防止出现过大的水平位移, 需要建筑物具有较大的( )。
　　A. 侧向刚度　　　B. 垂直刚度　　　C. 侧向强度　　　D. 垂直强度

25. 施工单位对建设主管部门的处罚决定不服, 可以在接到处罚通知之日起( )日内, 向作出处罚决定机关的上一级机关申请复议。
　　A. 15　　　　　B. 20　　　　　C. 25　　　　　D. 30

场景(六)　某高级酒店客房进行装修, 在门窗、吊顶、地面等分项工程施工完成后, 施工单位根据设计要求对吊顶及墙面进行涂饰施工。其乳胶漆墙面做法包括以下几道工序: 基体清理; 嵌、批腻子; 刷底涂料; 磨砂纸; 涂面层涂料等。有的工序要重复几次。

根据场景(六), 回答下列问题：

26. 下列给出乳胶漆施工的工艺流程中, 正确的是( )。
　　A. 基体清理→嵌、批腻子→刷底涂料→磨砂纸→涂面层涂料
　　B. 基体清理→嵌、批腻子→磨砂纸→刷底涂料→涂面层涂料
　　C. 基体清理→磨砂纸→嵌、批腻子→刷底涂料→涂面层涂料
　　D. 磨砂纸→基体清理→嵌、批腻子→刷底涂料→涂面层涂料

27. 下列真石漆墙面做法顺序正确的是( )。
①喷(刷)罩面涂料一道饰面　②喷面漆一道　③喷(刷)底漆一道　④基体清理
　　A. ④③②①　　　B. ④①②③　　　C. ①②③④　　　D. ①②④③

28. 混凝土或抹灰基层涂刷溶剂型涂料时,含水率不得大于( )。

    A.10%   B.12%   C.5%   D.8%

29. 涂饰工程施工应控制环境温度,其中水性涂料涂饰工程施工的环境温度应控制在( )℃。

    A.0~5   B.低于0   C.5~35   D.36~38

30. 新建筑物的混凝土或抹灰基层,涂饰涂料前应涂刷( )封闭底漆。

    A.防水   B.防腐   C.抗酸   D.抗碱

场景(七) 某建筑公司承建某高层大楼,建筑面积12万 m²,由四方监理公司进行监理。经业主同意后,施工总承包单位将项目空调安装工程分包给专业空调安装施工单位。

该高层大楼竣工验收程序及组织如下:①单位工程完工后,施工单位应自行组织有关人员进行检查评定,并向建设单位提交工程验收报告;②建设单位收到工程验收报告后,应由监理单位组织建设、施工(含分包单位)、勘察、设计等单位(项目)负责人进行单位工程验收;③分包单位对所承包的工程项目应按标准规定的程序检查评定,总包单位派人参加。分包工程完成后,将工程有关资料交总包单位。

根据场景(七),回答下列问题:

31. 总包单位负责收集、汇总各分包单位形成的工程档案,并应及时向( )移交。

    A.监理单位   B.设计单位   C.建设单位   D.勘察单位

32. 分包单位应将本单位形成的工程文件整理、交卷后及时移交( )单位。

    A.监理   B.设计   C.总包   D.建设

33. 单位工程质量验收合格后,建设单位应在规定时间内将工程竣工验收报告有关文件,报( )备案。

    A.税务部门   B.工商部门   C.财政部门   D.建设行政管理部门

34. 当参加验收各方对( )验收意见不一致时,可请当地建设行政主管部门或工程质量监督机构协调处理。

    A.工程质量   B.报告书质量   C.材料质量   D.设备质量

35. 单位工程完工后,施工单位应自行组织有关人员进行检查评定,并向建设单位提交( )。

    A.工程质量保修书   B.工程验收报告   C.质量保证书   D.质量检测报告

场景(八) 某工程为混凝土结构厂房,施工材料由施工单位负责采购。在设备基础施工过程中,材料已经送样。由于工期较紧,施工单位未经监理工程师许可即进行了混凝土浇筑。待15个设备基础浇筑完毕后,施工单位立即向监理方提交验收报告要求验收。此时水泥实验报告显示水泥的某些项目质量不合格。

根据场景(八),回答下列问题:

36. 下列各项不符合建设工程施工质量验收要求的是( )。

    A.工程质量验收应在建设单位检查的基础上进行

    B.参加工程质量验收的人员,应该具有规定的资格

    C.单位工程施工质量应该符合相关验收规范的标准

    D.工程外观质量应由验收人员现场检验后共同确认

37. 如果该混凝土强度经测试论证达不到要求,可采用下列几种处理方法中不正确的是( )。

    A. 封闭保护   B. 封闭保湿   C. 结构卸荷   D. 加固补强

38. 砂浆用砂的含砂量应满足的要求中,不包括( )。

    A. 人工砂、山砂应经试配能满足砌筑砂浆技术条件要求

    B. 对强度等级小于 M5 的水泥混合砂浆,不应超过 10%

    C. 消石灰粉可直接使用于砌筑砂浆中

    D. 配制水泥石灰砂浆时,不得采用脱水硬化的石灰膏

39. 凡在砂浆中掺入( )应有砌体温度的形式检验报告。

    A. 早强剂   B. 防冻剂   C. 缓凝剂   D. 有机塑化剂

40. 施工时所用的小砌块的产品龄期不应小于( )天。

    A. 14   B. 7   C. 28   D. 35

二、多项选择题(共 10 题,每题 2 分。每题的备选项中,有 2 个或 2 个以上符合题意,至少有 1 个错项。错选,本题不得分;少选,所选的每个选项得 0.5 分)

场景(九)   某建筑装饰公司通过招标承接了某小区 5 栋住宅楼的装饰施工任务,并按照施工合同的约定将隔墙工程和门窗工程进行分包,其他工程由建筑装饰公司自己完成。在现场装修工程施工中,建筑装饰公司要求分包单位按照规定进行铝合金门窗的制作和施工,及板材隔墙的制作和施工。

根据场景(九),回答下列问题:

41. 轻质隔墙包括( )。

    A. 活动隔墙   B. 板材隔墙   C. 混凝土隔墙   D. 骨架隔墙

    E. 玻璃隔墙

42. 为防止出现铝合金门窗框、扇变形的质量问题,要求( )。

    A. 预埋木砖防腐处理符合设计要求   B. 型材壁厚应符合设计要求

    C. 品种、类型、规格、尺寸、性能符合设计要求   D. 安装牢固

    E. 开关灵活、关闭严密

43. 轻质隔墙的特点有( )。

    A. 自重轻   B. 墙身薄   C. 保温好   D. 隔声好

    E. 拆装方便

44. 下列关于铝合金门窗的固定方式说法正确的是( )。

    A. 连接件焊接连接适用于钢结构   B. 预埋件连接适用于钢筋混凝土结构

    C. 燕尾铁脚连接适用于混凝土结构   D. 射钉固定适用于钢筋混凝土结构

    E. 金属膨胀螺栓固定适用于钢结构

45. 点支承玻璃幕墙的支承形式有( )。

    A. 玻璃肋支承   B. 钢桁架支承   C. 拉靠式支承   D. 钢梁支承

    E. 钢管支承

场景(十)   某施工单位承建某大厦工程,总建筑面积 3 万 m^2,该工程位于市中心,现场场地狭窄。施工单位为降低成本,现场只设置了一条 3m 宽的施工道路兼作消防通道。现场平面呈长方

形,其斜对角布置了2个消火栓,两者之间相距70m,其中一个距拟建建筑物3m,另一个距离路边3m。

根据场景(十),回答下列问题:

46.本工程应设置专门的消防通道,且路面宽度符合要求的是(　　)m。

 A.2.5   B.2.4   C.3.6   D.3.7

 E.5.2

47.我国《建筑设计防火规范》规定,耐火等级为四级的建筑有(　　)。

 A.9层及9层以下的住宅   B.建筑高度不超过24m的其他民用建筑

 C.建筑高度在40m以上的民用建筑   D.建筑高度超过24m的单层公共建筑

 E.建筑高度超过24m的民用建筑

48.本工程临时消火栓位置不合理。距拟建建筑物距离正确的是(　　)m。

 A.4   B.6   C.28   D.42

 E.14

49.本工程临时消火栓距路边距离合理的是(　　)m。

 A.2.5   B.2.1   C.1.9   D.1.5

 E.2.6

50.屋面板的耐火极限合理的是(　　)小时。

 A.0.30   B.0.20   C.0.50   D.0.60

 E.0.10

三、案例分析题(共3题,每题20分)

(一)

  某建设工程项目通过招标投标选择了一家建筑公司作为该项目的总承包单位,业主委托某监理公司对该工程实施施工监理,在施工过程中,由于总承包单位对地基和基础工程的施工存在一定的技术限制,将此分部工程分包给某基础工程公司,在施工及验收过程中,发生如下情况:

  (1)地基与基础工程的检验批和分项工程质量由总包单位项目专业质检员组织分包单位项目专业质检员进行验收,监理工程师不参与对分包单位检验批和分项工程质量的验收。

  (2)地基与基础分部工程质量由总包单位项目经理组织分包单位项目经理进行验收,监理工程师参与验收。

  (3)主体结构施工中,各检验批的质量由专业监理工程师组织总包单位项目专业质量检查员进行验收。各分项工程的质量由专业监理工程师组织总包单位项目专业技术负责人进行验收。

  (4)主体结构分部工程、建筑电气分部工程、装饰装修分部工程的质量由总监理工程师组织总包单位项目经理进行验收。

  (5)单位工程完成后,由承包商进行竣工初验,并向建设单位报送了工程竣工报验单。建设单位组织勘察、设计、施工、监理等单位有关人员对单位工程质量进行了验收,并由各方签署了工程竣工报告。

  问题

1.以上各条的质量验收做法是否妥当? 如不妥,请予以改正。

2.单位工程竣工验收的条件是什么?

3.单位工程竣工验收的基本要求是什么?

4.单位工程竣工验收备案由谁组织? 备案时间上有什么要求?

(二)

某工程项目,业主拟通过招标确定施工承包商,业主经过资格预审确定了A、B、C、D、E、F六家投标人作为潜在投标人,这六家潜在投标人在投标时出现以下情况:

A投标人在编制投标文件时主要依据设计图样、工程量表、其他投标人的投标书、有关法律、法规等。

B投标人在编制投标文件时,首先确定了上级企业管理费及工程风险和利润,接着开始计算工料及单价。

C投标在编制施工方案时,主要从工程量要求、技术要求、施工设备要求、施工利润要求、质量要求等五个方面综合考虑。

D投标人的投标文件按照招标文件的各项要求编制后,另外附加了工期需延长10天的条件。

E投标人在投标截止时间前递交了一份补充文件,提高了投标报价。

F投标人的投标组织机构由本单位的经营管理人员和专业技术人员组成。

问题

1. A投标人在编制投标文件时的主要依据是否妥当?

2. B投标人在编制投标文件时的步骤是否恰当? 如不恰当,请改正。

3. C投标人在编制施工方案时考虑的内容是否妥当? 如不妥,说出应考虑哪些内容?

4. D投标人的投标文件作废标处理是否正确?

5. E投标人递交的补充文件是否有效?

6. F投标人的投标组织机构人员是否合理? 如不合理,说出合理的组成人员。

(三)

某豪华酒店工程项目,18层混凝土框架结构,全现浇混凝土楼板,主体工程已全部完工,经验收合格。进入装饰装修施工阶段,该酒店的装饰装修工程由某装饰公司承揽了施工任务,装饰装修工程施工工期为150天,装饰公司在投标前已领取了全套施工图样,该装饰装修工程采用固定总价合同,合同总价为720万元。

该装饰公司在酒店装修的施工过程中采取了以下施工方法:地面镶边施工过程中,在靠墙处采用砂浆填补;在采用掺有水泥拌合料做踢脚线时,用石灰浆进行打底;木竹地面的最后一遍涂饰在裱糊工程开始前进行。对地面工程施工采用的水泥的凝结时间和强度进行复验后开始使用。

在水磨石整体面层施工过程中,采用同类材料以分格条设置镶边。

问题

1. 该酒店的装饰装修工程合同采用固定总价是否妥当? 为什么?

2. 建设工程合同按照承包工程计价方式可划分为哪几类?

3. 判断该装饰公司在酒店装修施工过程中采取的施工方法存在哪些不妥当之处,并说出正确的做法。

4. 按照《建筑装饰装修工程质量验收规范》和《民用建筑工程室内环境污染控制规范》的规定,一般情况下,装饰装修工程中应对哪些进场材料的种类和项目进行复验?

参考答案

一、单项选择题

1. A	2. D	3. B	4. A	5. D
6. B	7. D	8. C	9. C	10. B
11. B	12. A	13. D	14. D	15. C
16. A	17. A	18. B	19. B	20. D
21. D	22. B	23. A	24. A	25. A
26. B	27. A	28. D	29. C	30. D
31. C	32. C	33. D	34. A	35. B
36. A	37. B	38. C	39. D	40. C

二、多项选择题

41. ABDE	42. BCD	43. ABE	44. ABD	45. ABCE
46. CD	47. ABD	48. BCE	49. CD	50. CD

三、案例分析题

(一)

1. 第(1)条不妥当。改正如下：

地基与基础工程检验批应由专业监理工程师组织总包单位项目专业质量检验员等进行验收，分包单位派人参加验收；地基与基础工程分项工程应由专业监理工程师组织总包单位项目专业技术负责人等进行验收，分包单位派人参加验收。

第(2)条不妥当。改正如下：

地基与基础分部工程应由总监理工程师(建设单位项目负责人)组织总包单位项目经理和技术负责人、质量负责人、与地基基础分部工程相关的勘察设计单位工程项目负责人和总包单位技术部门负责人、质量部门负责人参加相关分部工程验收，分包单位的相关人员参与验收。

第(3)条妥当。

第(4)条不妥当。改正如下：

主体结构分部工程应由总监理工程师(建设单位项目负责人)组织总包单位项目负责人和技术负责人、质量负责人、与主体结构分部工程相关的勘察设计单位工程项目负责人和总包单位技术、质量部门负责人也应参加相关分部工程验收。

建筑电气分部工程、装饰装修分部工程应由总监理工程师(建设单位项目负责人)组织总包单位项目负责人和技术、质量负责人等进行验收。

第(5)条不妥当。改正如下：

①当单位工程达到竣工验收条件后,承包商应在自查、自评工作完成后,填写工程竣工报验单,并将全部竣工资料报送项目监理机构,申请竣工验收。总监理工程师应组织各专业监理工程师对竣工资料及各专业工程的质量情况进行初验。

②经项目监理机构对竣工资料及实物全面检查、验收合格后,由总监理工程师签署工程竣工报验单,并向建设单位提出质量评估报告。

③建设单位收到工程验收报告后,应由建设单位(项目)负责人组织施工(含分包单位)、设计、监理等单位(项目)负责人进行单位(子单位)工程验收。

2.单位工程竣工验收应当具备下列条件:

(1)完成建设工程设计和合同约定的各项内容。

(2)有完整的技术档案和施工管理资料。

(3)有工程使用的主要建筑材料、建筑构(配)件和设备的进场试验报告。

(4)有勘察、设计、施工、工程监理等单位分别签署的质量合格文件。

(5)有承包商签署的工程保修书。

3.单位工程验收的基本要求:

(1)质量应符合统一标准和砌体工程及相关专业验收规范的规定。

(2)应符合工程勘察、设计文件的要求。

(3)参加验收的各方人员应具备规定的资格。

(4)质量验收应在承包商自行检查评定的基础上进行。

(5)隐蔽工程在隐蔽前应由承包商通知有关单位进行验收,并形成验收文件。

(6)涉及结构安全的试块、试件及有关材料,应按规定进行见证取样检测。

(7)检验批的质量应按主控项目和一般项目验收。

(8)对涉及结构安全和使用功能的重要分部工程应进行抽样检测。

(9)承担见证取样检测及有关结构安全检测的单位应具有相应资质。

(10)工程的观感质量应由验收人员通过现场检查,并应共同确认。

4.单位工程竣工验收备案的组织者和时间要求如下:

单位工程质量验收合格后,建设单位应在规定时间内将工程竣工验收报告和有关文件,报建设行政管理部门备案。备案时间应在单位工程竣工验收合格后15日内进行。

(二)

1.A投标人在编制投标文件时的主要依据不妥。

理由:其他投标人的投标书不能作为A投标人在编制投标文件时的主要依据。

2.B投标人在编制投标文件时的步骤不恰当。

正确做法:在编制投标文件时首先应研究招标文件。

3.C投标人在编制施工方案时考虑的内容不妥。

正确做法:在编制施工方案时,主要从工期要求、技术要求、质量要求、安全要求、成本要求等五个方面综合考虑。

4.D投标人的投标文件作废标处理是正确的。

5.E投标人递交的补充文件有效。

6.F投标人的投标组织机构人员不合理。合理的投标组织机构人员应由经营管理人才,专业技术人才,法律、法规人才组成。

（三）

1.该酒店的装饰装修工程合同采用固定总价是妥当的。

理由：固定总价合同一般适用于施工条件明确、工程量能够较准确地计算、工期较短、技术不太复杂、合同总价较低且风险不大的工程项目。本案例基本符合这些条件。因此，采用固定总价合同是妥当的。

2.建设工程合同按照承包工程计价方式可划分为固定价格合同、可调价格合同和成本加酬金合同。

3.对该装饰公司在酒店装饰施工过程中采取的施工方法妥当与否的判定如下：

（1）不妥之处：地面镶边施工过程中，在靠墙处采用砂浆填补。

正确做法：地面镶边施工过程中，在靠墙处不得采用砂浆填补。

（2）不妥之处：在采用掺有水泥拌合料做踢脚线时，用石灰浆进行打底。

正确做法：当采用掺有水泥拌合料做踢脚线时，不得用石灰浆打底。

（3）不妥之处：木竹地面的最后一遍涂饰在裱糊工程开始前进行。

正确做法：木竹地面的最后一遍涂饰在裱糊工程完成后进行。

（4）不妥之处：对地面工程施工采用的水泥的凝结时间和强度进行复验后开始使用。

正确做法：地面工程施工采用的水泥，需对其凝结时间安定性和抗压强度进行复验后方可使用。

4.按照《建筑装饰装修工程质量验收规范》和《民用建筑工程室内环境污染控制规范》的规定，一般情况下，装饰装修工程中应对水泥、防水材料、室内用人造木竹、室内用天然花岗石和室内饰面瓷砖工程、外墙面陶瓷面砖进行复验。

全真模拟试卷(五)

一、单项选择题(共 40 题,每题 1 分。每题的备选项中,只有 1 个最符合题意)

场景(一) 某建筑工程,南北朝向,桩基采用锤击沉淀法施工,基础底板长×宽×厚为 40m×20m×1.1m,不设后浇带和变形缝,该建筑为钢筋混凝土框架结构,普通混凝土小型空心砌块填充墙作围护结构。底板混凝土强度等级为 C35,配制底板混凝土采用 P·O32.5 水泥,浇筑时采用 1 台混凝土泵从东向西一次连续浇筑完成。

根据场景(一),回答下列问题:

1. 国家标准规定,P·O32.5 水泥的强度应采用胶砂法测定,该法要求测定试件的( )天和 28 天抗压强度和抗折强度。
   A. 3   B. 7   C. 14   D. 28

2. 普通混凝土小型空心砌块的施工要求是( )。
   A. 必须与砖砌体施工一样设立皮数杆、拉水准线
   B. 小砌块施工应错孔对缝搭砌
   C. 灰缝可以有透明缝
   D. 小砌块临时间断处应砌成直槎

3. 水泥的( )是评价和选用水泥的重要技术指标。
   A. 密度   B. 细度   C. 强度   D. 黏度

4. 在结构设计中抗拉强度是确定混凝土( )的重要指标,有时也用它来间接衡量混凝土与钢筋的粘结强度等。
   A. 抗裂度   B. 抗热度   C. 抗压度   D. 抗塞度

5. 本工程普通混凝土小型空心砌块龄期至少( )天的才可施工。
   A. 7   B. 14   C. 21   D. 28

场景(二) 某市高校一幢教师公寓,总建筑面积 20000m²,为 8 层现浇框架-剪力墙结构,基础是钢筋混凝土条形基础。工程于 2007 年 3 月开工,2008 年 4 月竣工。基坑开挖后,由施工单位项目经理组织建设单位、监理单位、设计单位等进行了验槽和基坑的隐蔽验收工作。

根据场景(二),回答下列问题:

6. 基坑开挖时,下列( )不需要经常复测检查。
   A. 坡度系数   B. 水准点   C. 水平标高   D. 平面控制桩

7. 在基坑验槽时,对于基底以下不可见部位的土层,要先辅以( )配合观察共同完成。
   A. 钻孔   B. 钎探   C. 局部开挖   D. 超声波检测

8. 基坑验槽前,要求( )提供场地内是否有地下管线和相应的地下设施。
   A. 勘察单位   B. 土方施工单位   C. 设计单位   D. 建设单位

9. 观察验槽的重点应选择在( )。
   A. 基坑中心点   B. 基坑边角处   C. 受力较大的部位   D. 最后开挖的部位

10. 验槽方法通常主要采用以（　　）为主。

    A. 钎探法　　　　　　B. 观察法　　　　　　C. 触探法　　　　　　D. 试验法

场景（三）　某市中心有一个公共建筑工程，建筑面积 18000m²，框架结构，地上 6 层，地下 1 层。由某建筑公司施工总承包，2003 年 7 月 10 日开工，2004 年 8 月 8 日竣工。施工过程中发生了如下事件：

事件一：地下室外壁防水混凝土施工缝多处出现渗漏水。

事件二：屋面卷材防水层多处起鼓。

根据场景（三），回答下列问题：

11. 下列对于事件一产生原因的描述中，错误的是（　　）。

    A. 施工缝留的位置不当

    B. 钢筋过稀，内外模板距离狭窄

    C. 下料方法不当，集料集中于施工缝处

    D. 浇筑地面混凝土时，因工序衔接等原因造成新老搓接搓部产生收缩裂缝

12. 在合成高分子防水卷材的铺设方法中，（　　）是我国目前采用最多的方法。

    A. 自粘法　　　　　　B. 冷粘法　　　　　　C. 胶粘法　　　　　　D. 热熔法

13. 刚性防水层与山墙、女儿墙以及与凸出屋结构的接缝处，都应做好（　　）处理。

    A. 刚性连接　　　　　B. 刚性增强　　　　　C. 柔性密封　　　　　D. 柔性增强

14. 屋面卷材防水施工，在平屋面，如果采用材料找坡宜为（　　）。

    A. 2%　　　　　　　　B. 1%　　　　　　　　C. 1.5%　　　　　　　D. 0.5%

15. 屋面卷材防水施工，在平屋面的沟底落差不得超过（　　）mm。

    A. 300　　　　　　　　B. 200　　　　　　　　C. 400　　　　　　　　D. 450

场景（四）　某建筑工程，建筑面积 100800m²，现浇剪力墙结构，地下 2 层，地上 50 层。基础埋深 10.2m，底板厚 2.9m，底板混凝土强度等级为 C35，抗渗等级为 P12。施工单位制定了底板混凝土施工方案，并选定了某商品混凝土搅拌站。底板混凝土浇筑时当地最高大气温度 37℃，混凝土最高入模温度 40℃。

根据场景（四），回答下列问题：

16. 大体积混凝土浇筑时，为保证结构的整体性和施工的连续性，采用分层浇筑时，应保证在下层混凝土（　　）将上层混凝土浇筑完毕。

    A. 初凝前　　　　　　B. 初凝后　　　　　　C. 终凝前　　　　　　D. 终凝后

17. 当设计无要求时，大体积混凝土内外温差一般应控制在（　　）℃以内。

    A. 20　　　　　　　　B. 25　　　　　　　　C. 30　　　　　　　　D. 35

18. 大体积混凝土的养护时间不得少于（　　）天。

    A. 7　　　　　　　　　B. 10　　　　　　　　C. 14　　　　　　　　D. 21

19. 模板安装和浇筑混凝土时，应对（　　）进行验收。

    A. 模板工程　　　　　B. 钢筋工程　　　　　C. 垫层工程　　　　　D. 混凝土工程

20. 混凝土蒸汽养护静停时间一般为（　　）小时，以防止物件表面产生裂缝和疏松现象。

    A. 1~2　　　　　　　　B. 2~6　　　　　　　　C. 3~8　　　　　　　　D. 4~9

场景（五）　某承包商浇筑基础底板混凝土时，现场搅拌棚拌出的混凝土配合比没有试配报

告,现场计量装置未经监理工程师检查核定。同时,在二层框架柱纵向钢筋使用时因材料堆放错误导致直径小于设计要求直径2mm。在三层施工时由建设方购买到现场的100t钢筋,虽然有正式的出厂合格证,但现场抽检材质化验不合格。在四层现浇混凝土上午绑扎钢筋完毕后,下午上班未经检查验收,就浇筑混凝土。在八层梁柱施工时,由于构件截面尺寸小,绑扎钢筋有困难,于是钢筋工决定通过等强代换原则,改变梁柱节点的梁的钢筋直径与数量。十层混凝土施工时预留试块经检验达不到设计要求的C30强度等级。层盖顶上的钢结构电焊时,经检查发现部分电焊工没有持证就上岗。

根据场景(五),回答下列问题:

21. 钢筋混凝土柱的纵向钢筋的直径一般在(   )mm 范围内,宜采用较粗的钢筋,以保证钢筋骨架的刚度及防止受力后过早压屈。

    A. 12 ~ 32   B. 15 ~ 40   C. 20 ~ 36   D. 20 ~ 40

22. 钢筋混凝土柱的箍筋形式根据截面形状、尺寸及纵向钢筋根数确定。当柱子短边不大于400mm,且各边纵向钢筋不多于(   )根时,可采用单个箍筋。

    A. 7   B. 6   C. 5   D. 4

23. 当构件(   )时,或同钢号钢筋之间的代换,按钢筋代换前后面积相等的原则进行代换。

    A. 配筋受强度控制   B. 按最小配筋率配筋
    C. 受裂缝宽度控制   D. 受裂缝挠度控制

24. 冬期拌制混凝土应优先采用加(   )的方法。

    A. 热水   B. 外加剂   C. 速凝剂   D. 防冻剂

25. 在施工缝处继续浇筑混凝土时,已浇筑的混凝土,其抗压强度不应小于(   )N/mm²。

    A. 1.2   B. 1.0   C. 0.8   D. 0.5

场景(六)　某施工队安装一大厦石材幕墙,进场后进行现场切割加工。施工队进场后以地平面为基准使用水准仪和60m的皮卷尺进行放线测量,在安装顶部封边结构处石材幕墙时,其安装次序是先安装中间部位的石材,后安装四角转角处部位的石材。在施工中由于库存不够,硅酮耐候密封胶采用不同于硅酮结构胶的另一品牌,其提供的试验数据和相差性报告,证明其性能指标都满足设计要求,施工完毕后通过验收,施工质量符合标准。

根据场景(六),回答下列问题:

26. 石材幕墙的石板厚度不应小于(   )mm,为满足等强度计算要求,火烧石板的厚度应比抛光石板厚 3mm。

    A. 20   B. 25   C. 15   D. 18

27. 幕墙立柱安装应符合的规定有(   )。

    A. 标高偏差不应大于5mm   B. 轴线前后偏差不应大于3mm
    C. 左右偏差不应大于5mm   D. 相邻两根立柱的距离偏差不应大于2mm

28. 当一幅幕墙宽度小于或等于 35mm 时,相邻两根横梁的水平标高偏差不应大于(   )mm。

    A. 5   B. 8   C. 10   D. 7

29. 硅酮耐候密封胶的特点不包括(   )。

    A. 耐大气变化   B. 耐红外线   C. 耐老化   D. 较强的强度

30. 在幕墙的构造中,楼面和吊顶与幕墙的(   )是一个非常重要问题,此处经常留有缝隙造成室内上下空间保温和隔声出现问题。

A. 连接　　　　　B. 粘结　　　　　C. 隔离　　　　　D. 分格处理

场景(七)　某商业大厦建设工程项目,建设单位通过招标确定某施工单位承建该工程项目的施工任务。工程竣工时,施工单位经过自行初验,认为已按合同约定完成施工,提请竣工验收,并已将全部质量保证资料复印齐全供审核。12月5日,该工程通过建设单位、监理单位、设计单位和施工单位的四方验收。

根据场景(七),回答下列问题:

31. 建设单位应在工程竣工验收(   )工作日前将验收的时间、地点及验收组名单书面通知负责监督该工程质量监督机构。

A. 4　　　　　B. 5　　　　　C. 6　　　　　D. 7

32. 工程竣工验收备案工作应由(   )负责。

A. 监理单位　　B. 建设单位　　C. 设计单位　　D. 勘察单位

33. 建设单位应当自工程竣工验收合格之日起(   )个工作日内,向工程所在地的县级以上地方人民政府建设行政主管部门备案。

A. 13　　　　　B. 14　　　　　C. 16　　　　　D. 15

34. 下列报送资料中,属于监理单位提出的是(   )。

A."工程质量评估报告"　　　　　B."工程报告"

C."工程竣工验收报告"　　　　　D."工程质量检查意见"

35. 四个选项中,属于设计单位提出的是(   )。

A."工程质量评估报告"　　　　　B."工程报告"

C."工程竣工验收报告"　　　　　D."工程质量检查意见"

场景(八)　王某是某公司的一位室内装潢工人,2008年7月他应公司要求全权负责某一动漫工作室的室内环境设计及装修工作。考虑到工作室的性质,在采光方面王某决定采取人工照明,为了节省成本,他采用帘幕作为吸声材料,并且利用其他手段控制噪声。为了给工作室的员工创造一个良好的室内工作环境,王某在建筑物热耗量指标、围护结构保温层的设置、建筑防潮等方面也做足了工作。

根据场景(八),回答下列问题:

36. 建筑室内物理环境不包括的是(   )。

A. 建筑光环境　　B. 建筑保温环境　　C. 建筑声环境　　D. 建筑热工环境

37. 室内设计中的光环境分为自然采光和人工照明环境两种,在人工照明中光源的主要类别叙述错误的是(   )。

A. 热辐射光源,主要包括白炽灯和卤钨灯

B. 气体放电光源,主要包括荧光灯、荧光高压汞灯、金属卤化物灯等

C. 热辐射光源,光色好,接近天然光光色

D. 气体放电光源优点是发光效率高,寿命长,灯的表面亮度低。

38. 室内声环境中关于音频范围中低音频的范围叙述正确的是(   )。

A. 20～20000Hz　　B. 300～1000Hz　　C. 1000Hz 以上　　D. 低于300Hz

39. 建筑材料的吸声种类叙述正确的是(   )。

    A. 穿孔板共振吸声结构用于防振、隔热材料适合

    B. 多孔吸声材料采用穿孔的石棉水泥、石膏板、硬质纤维板、铝板

    C. 薄膜吸声结构把胶合板、硬质纤维板、石膏板、石棉水泥板等板材周边固定在框架
上,连同板后的封闭空气层,构成振动系统,可作为低频吸声结构

    D. 帘幕是具有通气性能的纺织品,具有多孔材料的吸声特性

40. 建筑防潮中叙述正确的是(   )。

    A. 建筑产生表面冷凝的原因,是由于室外空气湿度过高或壁面的温度过低

    B. 使外围护结构内表面附近的气流不通,家具、壁橱等宜紧靠外墙布置

    C. 不用降低室内温度,利用较差的通风换气设施

    D. 用热量大的材料装饰房屋内表面和地面

二、多项选择题(共 10 题,每题 2 分。每题的备选项中,有 2 个或 2 个以上符合题意,至
少有 1 个错项。错选,本题不得分;少选,所选的每个选项得 0.5 分)

场景(九) A 市一公共建筑工程,建筑面积 19278m²,框架结构,地上 6 层,地下 1 层。由甲
建筑公司施工总承包,2006 年 8 月 10 日开工,2007 年 10 月 30 日竣工。施工中发生如下事件。

事件一:地下室外壁防水混凝土施工缝有多处出现渗漏水。

事件二:屋面卷材防水层多处起鼓。

根据场景(九),回答下列问题:

41. 导致事件一的原因有(   )。

    A. 施工缝留的位置不当

    B. 在支模和绑钢筋的过程中,锯末、铁钉等杂物掉入缝内没有及时清除。浇筑上层混
凝土后,在新旧混凝土之间形成夹层

    C. 在浇筑上层混凝土时,没有先在施工缝处铺一层水泥浆或水泥砂浆,上、下层混凝土
不能牢固粘贴

    D. 钢筋不够密,内外模板距离过大,施工质量不易保证

    E. 下料方法不当,集料未集中于施工缝处

42. 防水混凝土的配合比应符合的规定有(   )。

    A. 掺有活性掺合料时,水泥用量不得少于 200kg/m³

    B. 水灰比不得大于 0.55

    C. 灰砂比宜为 1:2 ~1:2.5

    D. 水泥用量不得少于 300kg/m³

    E. 砂率宜为 35% ~45%

43. 屋面防水工程一般包括(   )。

    A. 屋面卷材防水   B. 屋面涂膜防水

    C. 屋面刚性防水   D. 屋面接缝密封防水

    E. 外墙防水

44. 下列关于卷材铺贴方向的规定,正确的有(   )。

    A. 屋面坡度小于 3% 时,卷材宜平行屋脊铺贴

B. 屋面坡度小于 5% 时,卷材宜垂直屋脊铺贴

C. 屋面坡度在 3% ~15% 时,卷材可平行或垂直屋脊铺贴

D. 屋面坡度大于 15% 或屋面受振动时,沥青防水卷材可平行或垂直屋脊铺贴

E. 上、下层卷材不得相互垂直铺贴

45. 卷材防水层上有重物覆盖或基层变形较大时,应优先采用(   )铺贴。

    A. 空铺法   B. 点粘法   C. 条粘法   D. 满粘法

    E. 机械固定法

场景(十) 某建筑集团公司电焊工赵某、现年 50 岁,17 岁参加工作,从事本工种已 20 多年,在公司例行组织的身体检查时,被查出患有职业性电焊尘肺,且已严重影响到呼吸,公司立即为其办住院手续,经过一段时间的治疗,症状得到了缓解,公司为其办理了转岗手续,安排他到后勤从事物业管理工作。

根据场景(十),回答下列问题:

46. 下列属于建筑工程施工易引发的职业病的是(   )。

    A. 矽肺   B. 氮氧化合物中毒   C. 苯中毒   D. 中暑

    E. 脑出血

47. 下列对于劳动者享有的职业卫生保护权利的说法,正确的是(   )。

    A. 有获得职业卫生教育、培训的权利

    B. 有获得职业健康检查、职业病诊疗等职业防治服务的权利

    C. 对违反职业病防治法律可批评、控告

    D. 可对职业病防治提意见

    E. 发现病患可带薪离职

48. 对企业发生的安全事故,应坚持的原则中不正确的是(   )。

    A. 预防为主   B. 三同时   C. 四不放过   D. 五同时

    E. 六不放过

49. 建筑工程施工安全管理目标主要有(   )。

    A. 伤亡控制指标   B. 安全保障目标   C. 文明施工目标   D. 安全考核目标

    E. 职业健康施工目标

50. 做好安全控制工作的基础是制定切实可行的安全技术措施,要求编制施工安全技术措施时应使其具有(   )。

    A. 全面性   B. 可靠性   C. 超前性   D. 操作性

    E. 安全性

三、案例分析题(共 3 题,每题 20 分)

(一)

某港口的码头工程,在施工设计图样没有完成前,业主通过招标选择了一家总承包单位承包该工程的施工任务。由于设计工作尚未完成,承包范围内待实施的工程虽性质明确,但工程量还难以确定,双方商定拟采用总价合同形式签订施工合同,以减少双方的风险。施工合同签订前,业主委托了一家监理单位拟协助业主签订施工合同和进行施工阶段监理。监理工程师查看了业主(甲方)和施工单位(乙方)草拟的施工合同条件,发现合同中有以下一些条款:

（1）乙方按监理工程师批准的施工组织设计（或施工方案）组织施工,乙方不应承担因此引起的工期延误和费用增加的责任。

（2）甲方向乙方提供施工场地的工程地质和地下主要管网线路资料,供乙方参考使用。

（3）乙方不能将工程转包,但允许分包,也允许分包单位将分包的工程再次分包给其他施工单位。

（4）监理工程师应当对乙方提交的施工组织设计进行审批或提出修改意见。

（5）无论监理工程师是否参加隐蔽工程的验收,当其提出对已经隐蔽的工程重新检验的要求时,乙方应按要求进行剥露,并在检验合格后重新进行覆盖或者修复。检验如果合格,甲方承担由此发生的经济支出,赔偿乙方的损失并相应顺延工期。检验如果不合格,乙方则应承担发生的费用,工期不应顺延。

（6）乙方按协议条款约定时间应向监理工程师提交实际完成工程量的报告。监理工程师在接到报告3天内按乙方提供的实际完成的工程量报告核实工程量（计量）,并在计量24小时前通知乙方。

在施工过程中,发生了不可抗力事件,不可抗力事件结束后,承包商向监理工程师提交了索赔申请通知。

问题

1. 业主与施工单位选择的总价合同形式是否恰当? 为什么?

2. 请逐条指出以上合同条款中的不妥之处,应如何改正?

3. 若检验工程质量不合格,你认为影响工程质量应从哪些主要因素进行分析?

4. 监理工程师接到承包商提交的索赔申请通知后应进行哪些主要工作?

5. 不可抗力事件风险责任的承担原则是什么?

（二）

某工程监理公司承担施工阶段监理任务,建设单位采用公开招标方式选择承包单位。在招标文件中对省内与省外投标人提出了不同的资格要求,并规定2008年10月30日为投标截止时间。甲、乙等多家承包单位参加投标,乙承包单位11月5日方提交投标保证金,11月3日由招标办主持举行了开标会。但本次招标由于招标人原因导致招标失败。

建设单位重新招标后确定甲承包单位中标,并签订了施工合同。施工开始后,建设单位要求提前竣工,并与甲承包单位协商签订了书面协议,写明了甲承包单位为保证施工质量采取的措施和建设单位应支付的赶工费用。

施工过程中发生了混凝土工程质量事故。经调查组技术鉴定,认为是甲承包单位为赶工拆模过早、混凝土强度不足造成的。该事故未造成人员伤亡,但导致直接经济损失4.8万元。

质量事故发生后,建设单位以甲承包单位的行为与投标书中的承诺不符,不具备履约能力,又不可能保证提前竣工为由,提出终止合同,甲承包单位认为事故是因建设单位要求赶工引起,不同意终止合同,建设单位按合同约定提请仲裁,仲裁机构裁定终止合同,甲承包单位决定向具有管辖权的法院提起诉讼。

问题

1. 指出该工程招标投标过程中的不妥之处,并说明理由,招标人招标失败造成投标单位损失是否应给予补偿? 说明理由。

2. 上述质量事故发生后,在事故调查前,总监理工程师应做哪些工作?

3. 上述质量事故的调查组应由谁组织？监理单位是否应参加调查组？说明理由。

4. 上述质量事故的技术处理方案应由谁提出？技术处理方案核签后，总监理工程师应完成哪些工作？该质量事故处理报告应由谁提出？

5. 建设单位与甲承包单位所签协议是否具有与施工合同相同的法律效力？说明理由。具有管辖权的法院是否可依法受理甲承包单位的诉讼请求？为什么？

（三）

某 3 层砌体结构教学楼的二楼悬挑阳台突然断裂，阳台悬挂在墙面上。幸好是夜间发生，没有人员伤亡。经事故调查和原因分析发现，造成该质量事故的主要原因是施工队伍素质差，在施工时将本应放在上部的受拉钢筋放在了阳台板的下部，使得悬臂结构受拉区无钢筋而产生脆性破坏。

问题

1. 如果该工程施工过程中实施了工程监理，监理单位对该起质量事故是否应承担责任？为什么？

2. 钢筋工程隐蔽验收的要点有哪些？

3. 针对工程项目的质量问题，现场常用的质量检查方法有哪些？

4. 施工过程可以采用的质量控制对策主要有哪些？

5. 项目质量因素的"4M1E"是指哪些因素？

参考答案

一、单项选择题

1. A	2. A	3. C	4. A	5. D
6. A	7. B	8. D	9. C	10. B
11. B	12. D	13. A	14. A	15. B
16. A	17. B	18. C	19. A	20. B
21. A	22. D	23. A	24. A	25. A
26. B	27. D	28. A	29. D	30. A
31. D	32. B	33. D	34. A	35. D
36. B	37. C	38. D	39. D	40. A

二、多项选择题

41. ABC	42. BCDE	43. ABCD	44. ACE	45. ABCE
46. ABCD	47. ABCD	48. ABD	49. AC	50. BCD

三、案例分析题

(一)

1. 不恰当,不宜使用总价合同形式。

理由:该项目工程量难以确定,风险较大。

2. 对题中所列各合同条款指出不妥之处及其改正如下:

(1)"乙方不应承担因此引起的工期延误和费用增加的责任"不妥。

改正:乙方按监理工程师批准的施工组织设计(或施工方案)组织施工,不应承担非自身原因引起的工期延误和费用增加的责任。

(说明:如果在答案中包含了"不应免除乙方应承担的责任"的内容,亦可。)

(2)"供乙方参考使用"不妥。

改正:保证资料(数据)真实、准确(或作为乙方现场施工的依据)。

(3)"再次分包"不妥。

改正:不允许分包单位再次分包。

(4)不妥。

改正:乙方应向监理工程师提交施工组织设计,供其审批或提出修改意见(或监理工程师职责不应出现在施工合同中)。

(5)"检验如果不合格,工期不应顺延"不妥。

改正:工期不予顺延。

（6）"监理工程师按乙方提供的实际完成的工程量报告核实工程量（计量）"不妥。

改正：监理工程师应按设计图样对已完工程量进行计量。

3. 影响工程质量的最主要因素有：①人；②材料和半成品、构（配）件；③施工方法、工艺；④施工机械、设备；⑤环境。

4. 监理工程师接到索赔申请通知后应进行的主要工作有：①进行调查、取证；②审查索赔成立条件，确定索赔是否成立；③分清责任，认可合理索赔；④与施工单位协商，统一意见；⑤签发索赔报告，处理意见报业主核准。

5. 不可抗力风险承担责任的原则：①工程本身的损害由业主承担；②人员伤亡由其所属单位负责，并承担相应费用；③造成施工单位机械、设备的损坏及停工等损失，由施工单位承担；④所需清理、修复工作的费用，由双方协商承担；⑤工期给予顺延。

（二）

1.（1）不妥之处：对省内与省外投标人提出了不同的资格要求。理由：公开招标应当平等地对待所有的投标人。

不妥之处：投标截止时间与开标时间不同。

理由：《招标投标法》规定开标应当在提交投标文件截止时间的同一时间公开进行。

不妥之处：招标办主持开标会。

理由：开标会应由招标人或其代理人主持。

不妥之处：乙承包单位提交保证金晚于规定时间。

理由：投标保证金是投标书的组成部分，应在投标截止日前提交。

（2）不予补偿。

理由：招标对招标人不具有合同意义上的约束力，不能保证投标人中标。

2.（1）签发"工程暂停令"指令承包单位停止相关部位及下道工序施工。

（2）要求承包单位防止事故扩大，保护现场。

（3）要求承包单位在规定时间内写出书面报告。

3.（1）应由市、县级建设行政主管部门组织。

理由：属一般质量事故。

（2）监理单位应该参加。

理由：该事故是由于甲承包单位为赶工拆模过早造成的。

4.（1）由原设计单位提出。

（2）签发"工程复工令"；监督技术处理方案的实施；组织检查、验收。

（3）该质量事故处理报告应由甲承包单位提出。

5.（1）所签协议具有法律效力。

理由：合同履行中，双方所签书面协议是合同的组成部分。

（2）法院不予受理。

理由：仲裁与诉讼两者只可选其一。

（三）

1. 如果该工程施工过程中实施了工程监理，监理单位应对该起质量事故承担责任。原因是：监理单位接受了建设单位委托，并收取了监理费用，具备了承担责任的条件，而施工过程中，监理未能发现钢筋位置放错的质量问题,因此必须承担相应责任。

2. 钢筋隐蔽验收要点:

(1)按施工图核查纵向受力钢筋,检查钢筋的品种、规格、数量、位置、间距、形状。

(2)检查混凝土保护层厚度,构造钢筋是否符合构造要求。

(3)钢筋锚固长度,箍筋加密区及加密间距。

(4)检查钢筋接头。如绑扎搭接,要检查搭接长度、接头位置和数量(错开长度、接头百分率)。焊接接头或机械连接,要检查外观质量,取样试验力学性能试验是否达到要求,并检查接头位置(相互错开)、数量(接头百分率)。

3. 现场质量检查的方法有目测法、实测法、试验法三种。

4. 施工过程中可以采用的质量控制对策主要有:

(1)以人的工作质量确保工程质量。

(2)严格控制投入品的质量。

(3)全面控制施工过程,重点控制工序质量。

(4)严把分项工程质量检验评定。

(5)贯彻"预防为主"的方针。

(6)严防系统性因素的质量变异。

5."4M1E"中的4M是指人、材料、机械、方法,1E是指环境。

全真模拟试卷(六)

一、单项选择题(共40题,每题1分。每题的备选项中,只有1个最符合题意)

场景(一) 某高层办公楼进行装修改造,主要施工项目有:吊顶、地面(石材、地砖、木地板)、门窗安装、墙面为墙纸、乳胶漆;卫生间墙面为瓷砖,外主面采用玻璃墙及干挂石材,大厅中空高度为12m,回廊采用玻璃护栏,门窗工程、吊顶工程、细部工程等采用人造木板和饰面人造木板。

合同要求:质量符合国家验收标准。

施工已进入木装修、石材铺贴阶段。

根据场景(一),回答下列问题:

1. 以合成树脂为基体,以玻璃纤维或其制品为增强材料,经成型、固化而成的固体材料是( )。

   A. 钢化玻璃　　　B. 夹丝玻璃　　　C. 夹层玻璃　　　D. 玻璃钢

2. ( )是木材直接加工而成的地板。

   A. 实木地板　　　B. 实木复合地板　　C. 胶合板　　　D. 细木工板

3. 在本工程中,不同材料基体交换处表面的抹灰,应采取防止开裂的加强措施,当采用加强网时,加强网与各基体的搭接宽度最小不应小于( )mm。

   A. 50　　　　　B. 100　　　　　C. 150　　　　　D. 200

4. 本工程采用湿作业法施工的饰面板工程中,应进行防碱背涂处理的是( )。

   A. 人造石　　　B. 抛光砖　　　C. 天然石材　　　D. 陶瓷锦砖

5. 本工程大厅护栏一侧距楼地面的高度为5m及以上,应使用不小于12mm厚的( )玻璃。

   A. 钢化　　　　B. 钢化夹层　　　C. 中空　　　　D. 夹丝

场景(二) 某承包商浇筑基础底板混凝土时,现场搅拌棚挂出的混凝土配合比没有试配报告,现场计量装置未经监理工程师检查核定。同时,在二层框架柱纵向钢筋因材料堆放错误导致直径小于设计要求直径2mm。在三层施工时由建设方购买到现场的100t钢筋,虽然有正式的出厂合格证,但现场抽检材质化验不合格。上午在四层现浇混凝土上绑扎钢筋完毕后,下午上班未经检查验收,就浇筑混凝土。在八层梁柱施工时,由于构件截面尺寸小,绑扎钢筋有困难,于是钢筋工决定通过"等强代换"原则,改变梁柱节点的梁的钢筋直径与数量。十层混凝土施工时预留试块经检验达不到设计要求的C30强度等级。十一层屋顶上的钢结构电焊时,经检查发现部分电焊工没有持证上岗。

根据场景(二),回答下列问题:

6. 钢筋工程施工工艺流程最后工项是由( )组织施工单位项目专业质量(技术)负责人进行验收。

   A. 监理工程师　　B. 项目经理　　C. 项目技术负责人　　D. 业主代表

7. 基础中纵向受力钢筋的混凝土保护层厚度应按设计要求,且不应小于(　　)mm。

    A. 10　　　　　　B. 20　　　　　　C. 30　　　　　　D. 40

8. 搅拌混凝土前,宜使搅拌筒充分(　　)。

    A. 清洗　　　　　　B. 润滑　　　　　　C. 固定　　　　　　D. 配套

9. 冬期拌制混凝土应优先采用加(　　)的方法。

    A. 热水　　　　　　B. 外加剂　　　　　　C. 速凝剂　　　　　　D. 防冻剂

10. 大体积混凝土斜面分层浇筑方案多用于(　　)的结构。

    A. 长度较大　　　　B. 厚度较大　　　　C. 面积较大　　　　D. 体积较大

场景(三)　某市一公共建筑工程,建筑面积20000m²,框架结构,地下2层,地上6层。由某建筑公司施工总承包,2005年7月1日开工,2006年8月7日竣工。施工中发生如下事件:

事件一:地下室外壁水泥砂浆防水层出水。

事件二:屋面涂膜防水层起鼓。

根据场景(三),回答下列问题:

11. 涂膜防水屋面需铺设胎体增强材料时,当屋面坡度小于(　　),可平行屋脊铺设。

    A. 28%　　　　　　B. 20%　　　　　　C. 15%　　　　　　D. 25%

12. 涂膜防水屋面铺设胎体增强材料时,长边、短边搭接宽度分别不得小于(　　)。

    A. 50mm,60mm　　B. 50mm,70mm　　C. 40mm,60mm　　D. 40mm,70mm

13. 涂膜防水屋面的水泥砂浆保护层厚度不宜小于(　　)mm。

    A. 20　　　　　　B. 15　　　　　　C. 12　　　　　　D. 10

14. 水泥砂浆防水层应分层铺抹,如必须留槎时,应采用阶梯坡形槎,但离阳角处不得小于(　　)mm。

    A. 80　　　　　　B. 100　　　　　　C. 150　　　　　　D. 200

15. 普通水泥砂浆防水层经凝结后,应及时进行养护。养护温度不宜低于(　　)℃,养护时间不得少于14天,养护期间应保持湿润。

    A. 1　　　　　　B. 2　　　　　　C. 5　　　　　　D. 3

场景(四)　某市办公楼工程,总建筑面积6万m²,框架结构,20层,基础开挖深度10m,低于地下水位。屋面防水采用卷材防水和涂膜防水的方法。由某建筑公司承建,2005年4月8日开工,2006年11月20日竣工。

施工中发生如下事件:

事件一:屋面局部涂膜防水面的防水层粘贴不牢。

事件二:屋面卷材防水层严重流淌,流淌面积占层面5%以上,大部分流淌距离超过卷材搭接长度。

根据场景(四),回答下列问题:

16. 下列关于事件一产生的原因,分析错误的是(　　)。

    A. 基层表面不平整、不清洁、涂料成膜厚度不足

    B. 涂料变质失效

    C. 基层过分干燥,水分或溶剂蒸发快

    D. 防水涂料施工时突然降雨

17. 屋面坡度小于(　　)时,卷材宜平行屋脊铺贴。

    A. 3%   B. 5%   C. 6%   D. 7%

18. 屋面坡度在(　　)时,卷材可平行或垂直屋脊铺贴。

    A. 16% ~ 17%   B. 16% ~ 20%   C. 18% ~ 23%   D. 3% ~ 15%

19. 涂膜防水屋面铺设两层胎体增强材料时,上、下层不得互相垂直铺设,搭接缝应错开,其间距不应小于幅宽的(　　)。

    A. 1/6   B. 1/3   C. 1/4   D. 1/5

20. 涂膜防水屋面需铺设胎体增强材料时,当屋面坡度大于(　　),应垂直于屋脊铺设,并由屋面最低处向上进行。

    A. 8%   B. 12%   C. 15%   D. 20%

场景(五)　现有一框架结构工程,桩基础采用 CFG 桩,地下室外墙为现浇混凝土,深度 5.5m,地下室室内独立柱尺寸为 600mm×600mm,底板为 600mm 厚筏板基础。地下室防水层为 SBS 高聚物改性沥青防水卷材,拟采用外贴法施工。屋顶为平屋顶,水泥加气混凝土碎渣找坡,采用 SBS 高聚物改性沥青防水卷材。

根据场景(五),回答下列问题:

21. 混凝土基础的主要形式有(　　)、独立基础、筏形基础和箱形基础等。

    A. 圆形基础   B. 柱形基础   C. 板形基础   D. 条形基础

22. 正常打桩宜采用(　　),可取得良好效果。

    A. "重锤高击,低锤轻打"   B. "重锤低击,高锤重打"

    C. "重锤低击,低锤重打"   D. "轻锤低击,低锤重打"

23. 对基础标高不一的桩,其沉桩顺序是(　　)。

    A. 宜先深后浅   B. 宜先浅后深   C. 宜先短后长   D. 宜先小后大

24. 大体积混凝土浇筑时,为保证结构的整体性和施工的连续性,采用分层浇筑时,应保证在下层混凝土(　　)将上层混凝土浇筑完毕。

    A. 初凝前   B. 终凝前   C. 初凝后   D. 终凝后

25. 大体积混凝土全面分层方案是在整个模板内,将结构分成若干个厚度相等的浇筑层,浇筑区的面积即为(　　)。

    A. 基坑平面面积   B. 模板面积   C. 基础平面面积   D. 槽体底面积

场景(六)　某公司以工程紧急为由,在未取得施工许可证的情况下擅自开工,施工中,把未经处理的污水经城市污水管网排入附近小河,趁夜间将建筑垃圾混入生活垃圾随地倒弃。夜间通宵施工。被噪声影响的居民投诉后,经地方人民政府城市市容环境卫生主管部门到施工现场检查,还发现施工现场的生活设施不合卫生标准,标牌设置不符合标准等,主管部门根据对该工程项目的检查事项作出了罚款的处罚。

根据场景(六),回答下列问题:

26. 市容环境卫生主管部门采取(　　)为正确执法行为。

    A. 对未取得施工许可证的情况下擅自开工进行处罚

    B. 对未经处理的泥浆水经城市污水管道排入附近小河进行处罚

    C. 对施工现场的生活设施不符合卫生要求进行处罚

D. 对建筑垃圾找空地随意倾倒进行处罚

27. 市容环境卫生主管部门对该工程实施处罚的根据应包括的事项是(　　　)。

    A. 施工现场的标牌不符合相关规定

    B. 建筑垃圾分散混入生活垃圾

    C. 夜间施工噪声扰民

    D. 将污水处理后排入附近城市河流

28. 建筑垃圾处置实行的原则不包括的是(　　　)。

    A. 商品化　　　　　　　　　　　　　B. 减量化、资源化

    C. 无害化　　　　　　　　　　　　　D. 谁产生,谁承担处置责任

29. 收集居民装修房屋过程中产生的建筑垃圾时,建筑垃圾中转站的设置应当(　　　)居民。

    A. 靠近　　　　　　B. 服从　　　　　　C. 方便　　　　　　D. 远离

30. 下列行为中,符合《城市建筑垃圾处置规定》的是(　　　)。

    A. 对建筑垃圾处置不实行收费

    B. 将危险废物混入建筑垃圾

    C. 自己设立弃置场收纳建筑垃圾

    D. 将某种无毒害的建筑垃圾作为工程回填物

场景(七)　某高层民用建筑室内隔断墙为防火墙,高 5m,采用通贯系列轻钢龙骨安装三道,石膏板横向铺设与沿顶、沿地龙骨固定,沿石膏板周边固定螺钉间距 150mm,螺钉与板边缘的间距 10～16mm,石膏板离地面 10mm。施工须分两段施工,每段施工自上而下进行。

根据场景(七),回答下列问题:

31. 住宅分户墙和单元之间的墙应砌至屋面板底部,屋面板的耐火极限不应低于(　　　)小时。

    A. 0.30　　　　　　B. 0.40　　　　　　C. 0.50　　　　　　D. 0.60

32. 高层民用建筑紧靠防火墙两侧的门、窗、洞口之间最近的边缘的水平距离不应小于(　　　)m。

    A. 1.00　　　　　　B. 1.20　　　　　　C. 1.50　　　　　　D. 2.00

33. 安装在吊顶内的排烟管道,其隔热层应采用不燃烧材料制作,并应与可燃物保持不小于(　　　)mm 的距离。

    A. 100　　　　　　B. 120　　　　　　C. 150　　　　　　D. 180

34. 下列有关建筑幕墙的防火设计规定中,不符合规定的是(　　　)。

    A. 幕墙与隔墙处的缝隙应用一般材料封堵

    B. 幕墙与每层楼板处缝隙应采用防火封堵材料封堵

    C. 窗槛墙、窗间墙的填充材料应采用不燃材料

    D. 无窗间墙和窗槛墙的幕墙,应在每层楼板外沿设置耐火极限不低于 1.00 小时

35. 防烟、排烟、采暖、通风和空气调节系统中的管道,在穿越(　　　)的缝隙应采用防火封堵材料封堵。

    A. 外墙　　　　　　B. 楼板　　　　　　C. 非承重墙　　　　　　D. 隔墙

场景(八)　我国《建筑结构可靠度设计统一标准》中提出了普通房屋和构筑物的使用年限

是 50 年,不同的建筑结构设计使用年限不同。在不同的环境中,混凝土的劣化与损伤速度是不一样的,因此,混凝土结构耐久性的保护层厚度和水灰比、水泥用量在不同的环境中的要求也各不相同。

根据场景(八),回答下列问题:

36. 房屋结构耐久性的含义叙述错误的是(   )。

    A. 房屋结构的耐久性是指结构在规定的工作环境中,在预期的使用年限内,在正常维护条件下不需要进行大修就能完成预定功能的能力

    B. 房屋结构中,混凝土结构耐久性是一个复杂的多因素综合问题

    C. 关于房屋结构耐久性的问题,我国规范增加了混凝土结构耐久性设计的基本原则和有关规定

    D. 房屋结构耐久性在正常维护条件下需进行大修才能完成预定功能的能力

37. 关于房屋建筑设计使用年限的分类叙述正确的是(   )。

    A. 临时性结构使用年限为 6 年

    B. 易于替换的结构构件设计使用年限是 24 年

    C. 纪念性建筑和特别重要的建筑结构设计使用年限是 55 年

    D. 易于替换的结构条件的设计使用年限是 25 年

38. 混凝土保护层厚度是一个重要参数,它不仅关系到构件的(   )。

    A. 承载力和耐久性   B. 承载力和适用性

    C. 稳健性和适用性   D. 耐久性和适用性

39. 对于一类、二类、三类环境中,设计使用年限为 50 年的结构混凝土,其中水灰比、水泥用量的一些要求是(   )。

    A. 最大水灰比、最小水泥用量、最低混凝土强度等级

    B. 最大水灰比、最小氯离子含量、最大碱含量

    C. 最大氯离子含量、最小碱含量、最高混凝土强度等级

    D. 最小水灰比、最大水泥用量、最低混凝土强度等级

40. 设计使用年限为 50 年的钢筋混凝土及预应力混凝土结构,其纵向受力钢筋的混凝土保护层厚度不应小于钢筋的公称直径,一般为(   )mm。

    A. 15 ~ 20   B. 15 ~ 30   C. 15 ~ 40   D. 10 ~ 30

二、多项选择题(共 10 题,每题 2 分。每题的备选项中,有 2 个或 2 个以上符合题意,至少有 1 个错项。错选,本题不得分;少选,所选的每个选项得 0.5 分)

场景(九) 某装饰工程公司承接某市一高档写字楼的装饰工程,现安排某安全员负责该工地的消防安全管理,并做如下工作。①电焊工从事电气设备安装和气焊作业时均要求按有关规定进行操作。②因施工需要搭设了临时建筑,为了降低成本,就地取材,用木板搭建工人宿舍。③施工材料的存放、保管符合防火安全要求。④现场有明显的防火宣传标志,施工现场严禁吸烟。⑤使用明火按规定执行,专人看管,人走火灭。

根据场景(九),回答下列问题:

41. 在电、气焊切割作业前,需办理的证件有(   )。

    A. 现场施工动用明火的审批手续   B. 操作证

C. 用火证   D. 进厂证

E. 施工证

42. 下列有关搭建木板房的要求,正确的是(   )。

   A. 木板房应符合防火、防盗要求

   B. 木板房未经保卫部门批准不得使用电热器具

   C. 在高压线下不准搭设木板临时建筑

   D. 冬期炉火采暖要专人管理,注意燃料的存放

   E. 木板临时建筑之间的防火间距不应小于4m

43. 下列表述中,关于消火栓之间的距离,不正确的是(   )。

   A. 不应大于50m   B. 不应大于80m   C. 不应大于100m   D. 不应大于120m

   E. 不应大于150m

44. 焊、割作业点与(   )等危险品的距离不得少于10m。

   A. 硬质 PVC 塑料地板   B. 氧气瓶

   C. 电石桶   D. 酚醛塑料

   E. 乙炔发生器

45. 下列表述中,关于危险品与易燃易爆品之间距离不正确的是(   )。

   A. 不得少于1m   B. 不得少于1.5m   C. 不得少于1.8m   D. 不得少于3m

   E. 不得少于2.5m

   场景(十) 某装饰工程公司承担的室内装饰装修施工任务中,采取了先地面砖、吊顶后墙面漆,最后进行木地板铺贴的施工顺序。吊顶工程是一项工程量和施工难度较大的分项工程,因此,在施工中应做好吊顶工程的施工控制及质量验收工作。

   根据场景(十),回答下列问题:

46. 在地面砖施工中,下列施工方法正确的是(   )。

   A. 地面砖铺贴前应浸水湿润2小时

   B. 铺贴前应根据设计要求确定结合层砂浆厚度,拉十字线控制其厚度和地面砖表面平整度

   C. 结合层砂浆宜采用体积比为1:1的干硬性水泥砂浆,厚度宜高出实铺厚度 2~3mm。铺贴前应在水泥砂浆上刷一道水灰比为1:3的素水泥浆

   D. 厨房地面砖铺贴时应与客厅地面砖施工方法相同。铺贴时应保持地面砖水平就位,用铁锤敲击使其与砂浆粘结紧密

   E. 铺贴后应及时清理表面,并用2:1水泥浆灌缝,选择与地面砖颜色一致的颜料与白水泥拌和均匀后嵌缝

47. 一般抹灰是指在建筑墙面涂抹(   )等。

   A. 水泥砂浆   B. 纸筋石灰   C. 石膏灰   D. 石灰砂浆

   E. 平粘石

48. 抹灰工程对材料的技术要求有(   )。

   A. 水泥强度等级不小于32.5MPa   B. 中砂,用前过不大于5mm 的筛孔

   C. 石灰膏熟化期不应少于7天   D. 磨细石灰粉累计筋余量不大于13%

   E. 磨细石灰粉的熟化期不应少于5天

49. 在吊顶施工中,下列施工做法中正确的有( )。

    A. 后置埋件、金属吊杆只需进行防火处理,即可用于吊顶施工使用

    B. 重量为4kg的电扇,在施工过程中不应安装在吊顶龙骨上,可采用安装在预埋件上的固定方法

    C. 边龙骨应按设计要求弹线,并固定在四周墙上

    D. 明龙骨饰面板采用搁置法安装时应留有板材安装缝,每边缝隙不宜大于1mm

    E. 放置在装饰装修用的吊杆上的自动喷淋灭火系统的水管线,必须进行固定,但严禁焊接施工,避免损伤管线

50. 建筑地面工程应严格控制各构造层的厚度,按设计要求铺设,并应符合下面选项中正确的要求是( )。

    A. 碎石垫层和碎砖垫层厚度不应小于100mm

    B. 砂垫层厚度不应小于60mm

    C. 水泥混凝土垫层的厚度不应小于100mm

    D. 块石面层其结合层铺设厚度不应小于60mm

    E. 砂石垫层厚度不应小于40mm

三、案例分析题(共3题,每题20分)

(一)

某房屋建筑工程项目,建设单位与施工单位按照《建设工程施工合同(示范文本)》签订了施工承包合同。施工合同中规定:

(1)设备由建设单位采购,施工单位安装。

(2)建设单位原因导致的施工单位人员窝工,按18元/工日补偿,建设单位原因导致的施工单位设备闲置,按下表中所列标准补偿。

(3)施工过程中发生的设计变更,其价款按建标[2003]206号文件的规定以工料单价法计价程序计价(以直接费为计算基础),间接费费率为10%,利润率为5%,税率为3.41%。

设备闲置补偿标准表

机械名称	台班单位/(元/台班)	补偿标准
大型起重机	1060	台班单价的60%
自卸汽车(5t)	318	台班单价的40%
自卸汽车(8t)	458	台班单价的50%

该工程在施工过程中发生以下事件。

事件1:施工单位在土方工程填筑时,发现取土区的土壤含水量过大,必须经过晾晒后才能填筑,增加费用30000元,工期延误10天。

事件2:基坑开挖深度为3m,施工组织设计中考虑的放坡系数为0.3(已经工程师批准)。施工单位为避免坑壁塌方,开挖时加大了放坡系数,使土方开挖量增加,导致费用超支10000元,工期延误3天。

事件3:施工单位在主体钢结构吊装安装阶段发现钢筋混凝土结构上缺少相应的预埋件,经查实是由于土建施工图样遗漏该预埋件的错误所致。返工处理后,增加费用20000元,工

期延误 8 天。

事件 4：建设单位采购的设备没有按计划时间到场,施工受到影响,施工单位 1 台大型起重机、2 台自卸汽车(载重 5t、8t 各 1 台)闲置 5 天,工人窝工 86 工日,工期延误 5 天。

事件 5：某分项工程由于建设单位提出工程使用功能的调整,必须进行设计变更。设计变更后,经确认直接工程费增加 18000 元,措施费增加 2000 元。

上述事件发生后,施工单位及时向建设单位造价工程师提出索赔要求。

问题

1. 分析以上各事件中监理工程师是否应该批准施工单位的索赔要求? 为什么?

2. 对于工程施工中发生的工程变更,监理工程师对变更部分的合同价款应根据什么原则确定?

3. 监理工程师应批准的索赔金额是多少元? 工程延期是多少天?

（二）

某房屋建筑工程施工总承包二级企业,通过招投标方式承建了城区 A 住宅楼工程,工程为框架-剪力墙结构,地上 17 层,地下 1 层,总建筑面积 16780m²。该工程采取施工总承包方式,合同约定工期 20 个月。

工程中标后,施工企业负责人考虑到同城区的 B 工程已临近竣工阶段(正在进行竣工预验收和编制竣工验收资料),经征得 A、B 工程建设单位同意,选派 B 工程项目经理兼任 A 工程的项目经理工作。

在施工期间,为了节约成本,项目经理安排将现场污水直接排入邻近的河流。

在浇筑楼板混凝土过程中,进行 24 小时连续浇筑作业,引起了附近居民的投诉。

问题

1. 该施工企业是否具备承建 A 工程的资质等级要求? 为什么?

2. 该施工企业是否可以选派 B 工程的项目经理担任 A 工程项目经理? 请说明理由。

3. 上述案例中发生了哪几种环境污染形式? 工程施工中可能造成环境污染的形式还有哪些?

4. 按照噪声来源划分,本案例中的噪声属于哪种类型? 在施工过程中项目经理部应如何预防此类投诉事件的发生?

（三）

某办公大楼由主楼和裙楼两部分组成,平面呈不规则四方形,主楼 29 层,裙楼 4 层,地下 2 层,总建筑面积 81650m²。该工程 5 月份完成主体施工,屋面防水施工安排在 8 月份。屋面防水层由一层聚氨酯防水涂料和一层自粘 SBS 高分子防水卷材构成。

裙楼地下室回填土施工时已将裙楼外脚手架拆除,在裙楼屋面防水层施工时,因工期紧没有拱设安全防护栏杆。工人王某在铺贴卷材后退时不慎从屋面掉下,经医院抢救无效死亡。

裙楼屋面防水施工完成后,聚氨酯底胶配制时用的二甲苯稀释剂剩余不多,工人张某随手将剩余的二甲苯从屋面向外倒在了回填土上。

主楼屋面防水工程检查验收时发现少量卷材起鼓,鼓泡有大有小,直径大的达到 90mm,鼓泡割破后发现有冷凝水珠。经查阅相关技术资料后发现:没有基层含水率试验和防水卷材粘贴试验记录;屋面防水工程技术交底要求自粘 SBS 卷材搭接宽度为 50mm,接缝口应用密封材料封严,宽度不小于5mm。

问题

1. 从安全防护措施角度指出发生这起伤亡事故的直接原因。

2. 项目经理部负责人在事故发生后应该如何处理此事？

3. 试分析卷材起鼓原因，并指出正确的处理方法。

4. 自粘SBS卷材搭接宽度和接缝口密封材料封严宽度应满足什么要求？

5. 将剩余的二甲苯倒在工地上的危害是什么？指出正确的处理方法。

参考答案

一、单项选择题

1. D	2. A	3. B	4. C	5. B
6. A	7. D	8. B	9. A	10. A
11. C	12. B	13. A	14. D	15. C
16. C	17. A	18. D	19. B	20. C
21. D	22. C	23. A	24. A	25. C
26. D	27. B	28. A	29. C	30. D
31. C	32. D	33. C	34. A	35. D
36. D	37. D	38. B	39. A	40. C

二、多项选择题

41. ABC	42. ABCD	43. BCDE	44. BCE	45. ABCE
46. AB	47. ABCD	48. ABD	49. BCD	50. ABD

三、案例分析题

(一)

1. 监理工程师对施工索赔的审核批准如下:

事件1:不应该批准。这是施工单位应该预料到的(属施工单位的责任)。

事件2:不应该批准。施工单位为确定安全,自行调整施工方案(属施工单位的责任)。

事件3:应该批准。这是由于土建施工图样中错误造成的(属建设单位的责任)。

事件4:应该批准。是由建设单位采购的设备没按计划时间到场造成的(属建设单位的责任)。

事件5:应该批准。由于建设单位设计变更造成的(属建设单位的责任)。

2. 变更价款的确定原则如下:

(1)合同中已有适用于变更工程的价格,按合同已有的价格计算、变更合同价款。

(2)合同中只有类似于变更工程的价格,可以参照此价格确定变更价格,变更合同价款。

(3)合同中没有适用或类似于变更工程的价格,由承包商提出适当的变更价格,经监理工程师确认后执行;如不被监理工程师确认,双方应首先通过协商确定变更工程价款;当双方不能通过协商确定变更工程价款时,按合同争议的处理方法解决。

3. (1)监理工程师应批准的索赔金额如下:

事件3:返工费用:20000 元。

事件4:机械台班费:(1060×60% +318×40% +458×50%)×5 元 =4961 元。

人工费:86×18 元=1548 元。

事件 5:应给施工单位补偿。

直接费:(18000+2000)元=20000 元。

间接费:20000 元×10%=2000 元。

利润:(20000+2000)元×5%=1100 元。

税金:(20000+2000+1100)元×3.41%=787.71 元。

应补偿:(20000+2000+1100+787.71)元=23887.71 元。

或(18000+2000)元×(1+10%)×(1+5%)×(1+3.41%)=23887.71 元(或 23888 元)。

合计:(20000+4961+1548+23887.71)元=50396.71 元。

(2)监理工程师应批准的工程延期:

事件 3:8 天。事件 4:5 天。合计:13 天。

(二)

1. 具备资质等级要求。二级企业可承担 28 层以下的房屋建筑工程。

2. 可以。

理由:发生了 A 工程中标项目经理不能继续履行职务的特殊情况;B 工程项目临近竣工阶段;经 A、B 工程的建设单位同意。

3. 案例中发生的环境污染有水污染(河道污染、污水排入河道),噪声污染(施工噪声污染)。还有大气污染(空气污染、粉尘污染、灰尘污染)、室内空气污染,土壤污染(土地污染)、光污染、垃圾污染(施工垃圾污染、生活垃圾、固体废物污染)。

4. 本案例中的噪声属于建筑施工噪声(施工机械噪声、混凝土浇筑噪声、振捣噪声)。

预防措施如下:

(1)在施工组织设计(方案)中应编制防止扰民措施,并在施工过程中贯彻实施。

(2)在可能发生夜间扰民作业施工前,提前到相关部门办理审批手续。

(3)对夜间施工,提前向邻近居民进行公示。

(4)设专人到邻近居委会(居民)进行沟通、协商,采取必要的补偿措施。

(三)

1. 事故直接原因是临边防护未做好。

2. 事故发生后,项目经理应及时上报保护现场,做好抢救工作,积极配合调查,认真落实纠正和预防措施,并认真吸取教训。

3. 原因是在卷材防水层中粘结不实的部位窝有水分和气体,当其受到太阳照射或人工热源影响后,体积膨胀,造成鼓泡。

治理方法如下:

(1)直径 100mm 以下的中小鼓泡可用抽气灌胶法处理,并压上几块砖,几天后再将砖移去即成。

(2)直径 100~300mm 的鼓泡可先铲除鼓泡处的保护层,再用刀将鼓泡按斜十字形割开,放出鼓泡内气体,擦干水分,清除旧胶结料,用喷灯把卷材内部吹干;然后,按顺序把旧卷材分片重新粘贴好,再新粘一块方形卷材(其边长比开刀范围大 100mm),压入卷材下;最后,粘贴覆盖好卷材,四边搭接好,并重做保护层。上述分片铺贴顺序是按屋面流水方向先下再左右后上。

（3）直径更大的鼓泡用割补法处理。先用刀把鼓泡卷材割除，按上一做法进行基层清理，再用喷灯烘烤旧卷材槎口，并分层剥开，除去旧胶结料后，依次粘贴好旧卷材，上铺一层新卷材（四周与旧卷材搭接不小于100mm）；然后，贴上旧卷材，再依次粘贴旧卷材，上面覆盖第二层新卷材；最后，粘贴卷材，周边压实刮平，重做保护层。

4. 屋面防水工程技术交底要求自粘SBS卷材搭接宽度为60mm，接缝口应用密封材料封严，宽度不小于10mm。

5. 二甲苯具有毒性，对神经系统有麻醉作用，对皮肤有刺激作用，易挥发，燃点低，对环境会造成污染。所以应把它退回仓库保管员。

全真模拟试卷(七)

一、单项选择题(共40题,每题1分。每题的备选项中,只有1个最符合题意)

场景(一) 某建筑公司中标了一个房建工程,该工程地上3层,地下1层,现浇混凝土框架结构,自拌C30混凝土,内隔墙采用加气混凝土砌块,双坡屋面,防水材料为3mm厚SBS防水卷材,外墙为玻璃幕墙。生产技术科编制了安全专项施工方案和环境保护方案。一层混凝土浇捣时,项目部对现场自拌混凝土容易出现强度等级不够的质量通病,制定了有效的防治措施。一层楼板混凝土浇筑完毕后,质检人员发现木工班组不按规定拆模。

根据场景(一),回答下列问题:

1. 针对现场自拌混凝土容易出现强度等级偏低,不符合设计要求的质量通病,项目部制定了下列防治措施,错误的是( )。
   A. 拌制混凝土所用的水泥、粗(细)料和外加剂等均必须符合有关标准规定
   B. 混凝土拌和必须采用机械拌制,加料顺序为:水→水泥→细集料→粗集料,并严格控制搅拌时间
   C. 混凝土的运输和浇捣必须在混凝土初凝前进行
   D. 控制好混凝土的浇筑振捣质量

2. 经验证明,一般以水泥强度等级为混凝土强度等级的( )倍为宜。
   A.0.5~1   B.1.5~2.0   C.3~4   D.4~5

3. 近代建筑中选用的优良性能的玻璃品种主要成分是三氧化二铝和( )。
   A. 氧化镁   B. 氧化钙   C. 氧化钠   D. 氧化钾

4. 直接用于隔断、橱窗、无框门等的玻璃,其规格要求是( )mm。
   A.2~3   B.3~4   C.4~5   D.8~12

5. ( )是一种面广量大的防水材料,在我国建筑防水材料的应用中处于主导地位,广泛用于屋面、地下和特殊构筑物的防水。
   A. 防水卷材   B. 防水涂料   C. 刚性防水材料   D. 密封材料

场景(二) 某建筑工程,建筑面积100000m²,现浇剪力墙结构,地下2层,地上50层。基础埋深13m,底板厚3m,底板混凝土强度等级为C35,抗渗等级为P12。施工单位制定了底板混凝土施工方案,并选定了某商品混凝土搅拌站。

底板混凝土浇筑时当地最大气温度39℃,混凝土最高入模温度40℃。浇筑完成12h以后采用覆盖一层塑料膜一层保温岩棉养护8天。

测温记录显示:混凝土内部最高温度75℃,其表面最高温度45℃。监理工程师检查发现底板表面混凝土有裂缝,经钻芯取样检查,取样样品均有贯通裂缝。

根据场景(二),回答下列问题:

6. 大体积混凝土的养护时间不得少于( )天。
   A.7   B.14   C.21   D.28

7. 为使大体积混凝土得到补偿收缩,减少混凝土的温度应力,在拌和混凝土时,还可掺入适量合适的( )。

    A. 早强剂   B. 缓凝剂   C. 减水剂   D. 微膨胀剂

8. 当设计无要求时,大体积混凝土内外温差一般应控制在( )℃以内。

    A. 20   B. 25   C. 30   D. 35

9. 下列控制大体积混凝土裂缝的方法中,错误的是( )。

    A. 优先选用低水化热的矿渣水泥拌制混凝土

    B. 适当使用缓减减水剂

    C. 在保证混凝土设计强度等级前提下,适当增加水灰比,增加水泥用量

    D. 在设计许可时,设置后浇缝

10. 大体积混凝土浇筑完毕后,应在( )小时内加以覆盖和浇水。

    A. 8   B. 12   C. 24   D. 36

场景(三) 某施工单位承建某中学 6 层的教师宿舍楼一幢,有 1 层地下室,建筑面积为 18000m²,抗震设防烈度为 7 度,2005 年 3 月 2 日开工至 2006 年 4 月 8 日竣工,施工中发现屋面刚性防水层出现漏水,而地下室外壁防水混凝土施工缝有多处出现渗漏水。

根据场景(三),回答下列问题:

11. 刚性防水屋面应采用结构找坡,坡度宜为( )。

    A. 2% ~ 3%   B. 5% ~ 6%   C. 7% ~ 8%   D. 4% ~ 5%

12. 屋面刚性防水施工,在普通细石混凝土和补偿收缩混凝土防水层设置分格缝,其纵横间距不宜大于( )m,上部应设置保护层。

    A. 9   B. 8   C. 7   D. 6

13. 防水混凝土的配合比应符合水泥用量不得少于( )kg/m³。

    A. 300   B. 250   C. 200   D. 280

14. 防水混凝土的水灰比不得大于( )。

    A. 0.55   B. 0.60   C. 0.65   D. 0.70

15. 防水混凝土拌和物必须采用机械搅拌,搅拌时间不应小于( )分钟。

    A. 0.5   B. 1   C. 1.5   D. 2

场景(四) 河北一建筑公司承建了洛阳市开发区某 22 层住宅楼,总建筑面积 28630m²,建筑高度大于 1.66m,全现场浇钢筋混凝土剪力墙结构,地下为筏板基础。工程在外墙装修时采用的是可分段式整体提升脚手架,脚手架的全部安装升降作业,以工程分色的形式交给了该脚手架的设计单位进行。在进行降架作业时,突然两个机位的承重螺栓断裂,造成连续 5 个机位上的 10 条承重螺栓相继被剪切楼南侧 51m 处的架体与支撑架脱离,自 45m 的高度坠落至地面,致使在架体上和地面上作业的 20 余名工人中 8 人死亡,11 人受伤。

根据场景(四),回答下列问题:

16. 分包单位应当在( )的统一管理下,在其分包范围内建立施工现场管理责任,并组织实施。

    A. 建设单位   B. 设计单位   C. 监理单位   D. 总包单位

17. ( )对合同工程项目的安全生产负全面领导责任。

A. 建设单位　　　　B. 施工单位　　　　C. 项目经理　　　　D. 施工现场负责人

18. 施工单位发生重大事故后,应当在(　　)小时内写出书面报告,并按规定程序向有关部门上报。

A. 12　　　　　　　B. 24　　　　　　　C. 36　　　　　　　D. 48

19. (　　)是为在现浇钢筋混凝土结构施工过程中,克服由于温度、收缩等而可能产生有害裂缝而设置的临时施工缝。

A. 施工缝　　　　　B. 连接带　　　　　C. 后浇带　　　　　D. 预留带

20. 为提高混凝土的流动性和防止离析,含砂率宜控制在(　　)。

A. 10%~30%　　　B. 15%~35%　　　C. 20%~40%　　　D. 40~50%

场景(五)　某饭店的职工餐厅进行装修改造。主要施工项目包括墙面抹灰、吊顶、涂料、墙地砖铺设、更换门窗等。某装饰公司承接了该工程的施工,为保证工程质量,对抹灰工程进行了重点控制,应用高级抹灰。

根据场景(五),回答下列问题:

21. 高级抹灰的表面平整的允许偏差为(　　)mm。

A. 2　　　　　　　B. 1　　　　　　　C. 3　　　　　　　D. 2.5

22. 木质基层在涂刷涂料时,含水率不得大于(　　)。

A. 15%　　　　　　B. 12%　　　　　　C. 18%　　　　　　D. 20%

23. 在抹灰工程中,高级抹灰要求(　　)。

A. 一底层、一面层　　　　　　　　　B. 一底层、一中层、一面层

C. 一底层、二中层、一面层　　　　　D. 一底层、数中层、一面层

24. 护栏玻璃应使用厚度不小于(　　)mm的钢化玻璃或钢化夹层玻璃。

A. 10　　　　　　　B. 12　　　　　　　C. 12　　　　　　　D. 18

25. 混凝土及抹灰面涂饰、刷漆顺序为(　　)。

A. 先远后近　　　　B. 先易后难　　　　C. 先左后右　　　　D. 先直后曲

场景(六)　某高级酒店工程于2004年10月竣工交付使用,2008年7月建设使用方发现东北角墙体出现裂缝,经委托鉴定单位鉴定后,确认是局部地基沉降所致,属于施工地基处理存有缺陷的工程质量问题。恰巧当时又发生了屋面渗漏雨水事件,据此,建设使用方书面要求原工程承包单位对上述两个工程质量问题尽快给予保修。

根据场景(六),回答下列问题:

26. 建设使用方要求原工程承包单位进行维修的依据是(　　)。

A. 该工程的质量保修书　　　　　　　B. 该工程的施工合同

C.《房屋建筑工程质量保修办法》　　 D. 鉴定单位的鉴定报告

27. 如果渗漏发生日仍是在保修书中约定的保修工程内容范围和保修期限内,该工程的原承包单位经审查分析后,认为对屋面渗漏的问题应当进行保修,请判断该屋面渗漏的原因是下列项中(　　)情况。

A. 检查屋面防水主要材料超过使用年限　　B. 屋面渗漏的发生是第三方造成的

C. 屋面渗漏的发生是不可抗力造成的　　　D. 屋面渗漏的发生是使用不当造成的

28.《建设工程质量管理条例》规定,建筑工程承包单位在向建设单位提交(　　)时,应向

建筑单位出具质量保修书。

    A. 工程竣工验收申请   B. 工程竣工结算表

    C. 工程竣工验收备案表   D. 工程竣工验收报告

29. 建设单位和施工单位应当在工程质量保修书中约定保修范围、保修期限和保修责任等，双方约定的保修范围、保修期限必须符合(   )。

    A. 合同有关规定   B. 国家有关规定   C. 建设单位要求   D. 工程验收规定

场景(七) 某城区 A 地块因旧城改造拟进行拆迁，房屋拆迁管理部门书面通知有关部门暂停为拆迁范围内的单位和个人办理房屋新建、改建、出租等审批手续(由于一些突然的原因)。

根据场景(七)，回答下列问题：

30. 本场景中的拆迁书面通知中应载明的暂停期限最长不得超过(   )。

    A. 半年   B. 一年   C. 一年半   D. 二年

31. 房屋拆迁管理部门和(   )应当及时向被拆迁人做好宣传、解释工作。

    A. 拆迁人   B. 城管部门   C. 城市规划部门   D. 项目工程师

32. 房屋拆迁管理部门代管的房屋需要拆迁的，拆迁补偿安置协议必须经(   )，并办理证据保全。

    A. 房屋承租人同意   B. 被拆迁人同意   C. 同级人民政府裁决   D. 公证机关公证

33. 拆迁人应当在房屋拆迁(   )确定的拆迁范围和拆迁期限内，实施房屋拆迁。

    A. 施工方案   B. 计划   C. 目标   D. 许可证

34. 申请领取房屋拆迁许可证的，应当向房屋所在地的市、县人民政府房屋拆迁管理部门提交的资料中不包括(   )。

    A. 建筑项目批准文件   B. 建设用地规划许可证

    C. 拆迁补偿安置协议书   D. 拆迁计划和拆迁方案

35. 拆迁补偿安置协议的主要内容不包括(   )。

    A. 补偿方式   B. 补偿金额   C. 安置用房面积   D. 拆迁合同的实施

场景(八) 某地一民用建筑中，占地面积 $2000m^2$，顶棚表面局部采用泡沫状塑料，现对其进行装修，装修涂料选用防火涂料。住宅隔墙间设防火墙，内部装修设有安全出口、疏散出口等，楼道内装有自动灭火系统。

根据场景(八)，回答下列问题：

36. 《建筑内部装修设计防火规范》(GB 50222—1995)对地上建筑的水平疏散走道和安全出口的门厅使用的装修材料有一定的规定，下列正确的是(   )。

    A. 顶棚装修材料应采用 A 级装修材料，其他部位应采用不低于 B_1 级的装修材料

    B. 顶棚装修材料应采用 B_1 级装修材料，其他部位应采用不低于 B_2 级的装修材料

    C. 墙面装修材料应采用 A 级装修材料，其他部位应采用不低于 B_1 级的装修材料

    D. 墙面装修材料应采用 B_1 级装修材料，其他部位应采用不低于 B_2 级的装修材料

37. 当胶合板表面涂覆一级饰面型防火涂料时，可作为(   )级装修材料使用。

    A. A   B. B_1 C. B_2 D. B_3

38. 民用建筑中，当顶棚表面局部采用泡沫状塑料时，其厚度不应大于 15mm，面积不得超过房间顶棚或墙面积的(   )。

A. 10%   B. 15%   C. 20%   D. 25%

39. 建筑物内的厨房,其顶棚、墙面、地面均应采用(　　)级装修材料。

A. A   B. B_1 C. B_2 D. B_3

40. 顶棚内采用泡沫塑料时,应涂刷防火涂料。防火涂料宜选用耐火极限大于30分钟的超薄型钢结构防火涂料,湿涂覆比值应大于(　　)g/m^2。

A. 200   B. 400   C. 300   D. 500

二、多项选择题(共10题,每题2分。每题的备选项中,有2个或2个以上符合题意,至少有1个错项。错选,本题不得分;少选,所选的每个选项得0.5分)

场景(九) 某施工单位承建一居民楼,现浇混凝土框架结构,自拌C30混凝土,内隔墙采用加气混凝土砌块,双坡屋面,防水材料为3mm厚SBS防水卷材,外墙为玻璃幕墙。生产技术科编制了安全专项施工方案和环境保护方案。一层混凝土浇捣时,项目部对现场自拌混凝土容易出现强度等级不够的质量通病,制定了有效的防治措施。一层楼板混凝土浇筑完毕后,质检人员发现木工班组不按规定拆模。

根据场景(九),回答下列问题:

41. 该工程屋面的卷材防水的基层应作为圆弧的有(　　)。

A. 烟囱   B. 檐口   C. 前坡面   D. 屋脊

E. 后坡面

42. 针对现场自拌混凝土容易出现强度等级偏低,不符合设计要求的质量通病,项目部制定了下列防治措施,正确的有(　　)。

A. 周转模板不清理

B. 控制好混凝土的浇筑捣质量

C. 混凝土拌和必须采用机械拌制,加料顺序为:水→水泥→细集料→粗集料,并严格控制搅拌时间

D. 混凝土的运输和浇捣必须在混凝土初凝前进行

E. 拌制混凝土所用的水泥、集料和外加剂等均必须符合有关标准规定

43. 根据职业健康安全管理要求,下列要求正确的是(　　)。

A. 安排劳动者从事其所禁忌的作业

B. 不得安排未成年人从事接触职业危害的作业

C. 应对劳动者进行上岗前的职业卫生培训和在岗期间的定期卫生培训

D. 不得安排未经上岗前职业健康检查的劳动者从事接触职业病危害的作业

E. 不得安排孕期、哺乳期的女职工从事对本人和胎儿、婴儿有危害的作业

44. 全玻幕墙安装质量要求有(　　)。

A. 宽度均匀

B. 外观平整

C. 胶缝平整光滑

D. 玻璃面板与玻璃肋之间的垂直度偏差不应大于5mm

E. 相邻玻璃面板的平面高低偏差不应大于3mm

45. 该单位工程的临时供电工程专用的电源中性点直接接地的220/380V三相四线制低压

电力系统,必须符合(   )的规定。

A. 采用二级配电系统　　　　　　　　B. 采用三级配电系统

C. 采用 TN—S 接零保护系统　　　　D. 采用一级漏电保护系统

E. 采用二级漏电保护系统

场景(十)　某办公楼工程,主楼采用钢筋混凝土结构,辅楼采用钢结构。项目经理进场后,立即组织临时建筑搭设。土方施工中加强了质量控制。地质报告显示地下水位高于槽底标高。

根据场景(十),回答下列问题:

46. 钢筋混凝土结构的优点是(   )。

A. 可模性好,适用面广

B. 模板用料少,费工少

C. 抗裂性能好

D. 钢筋和混凝土两种材料的强度都充分发挥

E. 拆除方便

47. 本工程基坑验槽时,(   )单位有关人员必须参加验收。

A. 施工总包　　　B. 降水分包　　　C. 监理　　　D. 勘察

E. 支护分包

48. 钢结构的连接方法有(   )。

A. 焊接　　　B. 绑扎连接　　　C. 高强螺栓连接　　　D. 铆接

E. 普通螺栓连接

49. 施工中用于测量两点间水平夹角的常用仪器有(   )。

A. 测距仪　　　B. 全站仪　　　C. 水准仪　　　D. 铅垂仪

E. 经纬仪

50. 为了控制土方开挖质量,除应对平面控制桩、水准点进行检查外,还应经常检查(   )。

A. 挖土机械　　　B. 基坑平面位置　　　C. 土的含水量　　　D. 水平标高

E. 边坡坡度

三、案例分析题(共 3 题,每题 20 分)

(一)

某工程项目,建设单位通过招标选择了一具有相应资质的监理单位承担施工招标代理和施工阶段监理工作。

在施工公开招标中,有 A、B、C、D、E、F、G、H 等施工单位报名投标,经监理单位资格预审均符合要求,但建设单位以 A 施工单位是外地企业为由不同意其参加投标,而监理单位坚持认为 A 施工单位有资格参加投标。

评标委员会由 5 人组成,其中当地建设行政管理部门的招投标管理办公室主任 1 人、建设单位代表 1 人、政府提供的专家库中抽取的技术经济专家 3 人。

评标时发现,B 施工单位投标报价明显低于其他投标单位报价且未能合理说明理由;D 施工单位投标报价大写金额小于小写金额;F 施工单位投标文件提供的检验标准和方法不符合招标文件的要求;H 施工单位投标文件中某分项工程的报价有个别漏项;其他施工单位的投标文件均符合招标文件要求。

建设单位最终确定 G 施工单位中标,并按照《建设工程施工合同(示范文本)》与该施工单位签订了施工合同。

工程按期进入安装调试阶段后,由于雷电引发了一场火灾。火灾结束后 48 小时内,G 施工单位向项目监理机构通报了火灾损失情况:工程本身损失 150 万元;总价值 100 万元的待安装设备彻底报废;G 施工单位人员烧伤所需医疗费及补偿费预计 15 万元,租赁的施工设备损坏赔偿 10 万元;其他单位临时停放在现场的一辆价值 25 万元的汽车被烧毁。另外,大火扑灭后 G 施工单位停工 5 天,造成其他施工机械闲置损失 2 万元以及必要的管理保卫人员费用支出 1 万元,并预计工程所需清理、修复费用 200 万元。损失情况经项目监理机构审核属实。

问题

1. 在施工招标资格预审中,监理单位认为 A 施工单位有资格参加投标是否正确?说明理由。

2. 指出施工招标评标委员会组成的不妥之处,说明理由,并写出正确做法。

3. 判别 B、D、F、H 四家施工单位的投标是否为有效标?说明理由。

4. 安装调试阶段发生的这场火灾是否属于不可抗力?指出建设单位和 G 施工单位应各自承担哪些损失或费用(不考虑保险因素)?

(二)

某工程项目开工之前,承包方向监理工程师提交了施工进度计划如下图所示,该计划满足合同工期 100 天的要求。

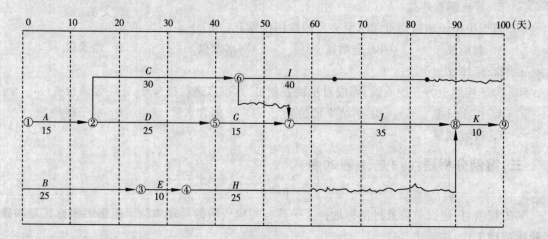

在上述施工进度计划中,由于工作 E 和工作 G 共用一塔式起重机(塔式起重机原计划在开工第 25 天后进场投入使用),必须顺序施工,使用的先后顺序不受限制(其他工作不使用塔式起重机)。

在施工过程中,由于业主要求变更设计图样,使工作 B 停工 10 天(其他工作持续时间不变),监理工程师及时向承包方发出通知,要求承包方调整进度计划,以保证该工程按合同工期完工。

承包方提出的调整方案及附加要求(以下各项费用数据均符合实际)如下:

(1)调整方案:将工作 J 的持续时间压缩 5 天。

（2）费用补偿要求：①工作 J 压缩 5 天，增加赶工费 25000 元；②塔式起重机闲置 15 天补偿：600 元/天（塔式起重机租赁费）×15 天 ＝9000 元；③由于工作 B 停工 10 天造成其他有关机械闲置、人员窝工等综合损失 45000 元。

问题

1. 如果在原计划中先安排工作 E，后安排工作 G 施工，塔式起重机应安排在第几天（上班时刻）进场投入使用较为合理？为什么？

2. 工作 B 停工 10 天后，承包方提出的进度计划调整方案是否合理？该计划如何调整较为合理？

3. 承包方提出的各项费用补偿要求是否合理？为什么？监理工程师应批准补偿多少元？

（三）

某市建筑公司承建的工贸公司职工培训楼工程，地下 1 层；地上 12 层，建筑面积 24000m²，钢筋混凝土框架结构，计划竣工日期为 2009 年 8 月 8 日。

2008 年 4 月 28 日，市建委有关管理部门按照《建筑施工安全检查标准》等有关规定对本项目进行了安全质量大检查。检查人员在询问项目经理有关安全职责履行情况时，项目经理认为他已配备了专职安全员，而且给予其经济奖罚等权力，他已经尽到了安全管理责任，安全搞得好坏那是专职安全员的事；在对专职安全员进行考核时，当问到《安全管理检查评分表》检查项目的保证项目有哪几项时，安全员只说到了"目标管理"、"施工组织设计"两项；检查组人员在质量检查时，还发现第二层某柱下部混凝土表面存在较严重的"蜂窝"现象。

检查结束后检查组进行了讲评，并宣布部分检查结果如下：①该工程"文明施工检查评分表"、"三宝、四口防护检查评分表"、"施工机具检查评分表"等分项检查评分表（按百分制）实得分分别为 80 分、85 分和 80 分（以上分项中的满分在汇总表中分别占 20 分、10 分和 5 分）；②"起重吊装安全检查评分表"实得分为 0 分；③汇总表得分值为 79 分。

问题

1. 项目经理对自己应负的安全管理责任的认识全面吗？说明理由。
2. 专职安全员关于"安全管理检查评分表"中保证项目的回答还应包括哪几项？
3. 该工程的混凝土表面的"蜂窝"现象应该如何处理？
4. 根据各分项检查评分换算成汇总表中相应分项的实得分。
5. 本工程安全生产评价的结果属于哪个等级？说明理由。

参考答案

一、单项选择题

1. B	2. B	3. A	4. D	5. A
6. B	7. D	8. B	9. C	10. B
11. A	12. D	13. A	14. A	15. D
16. D	17. D	18. B	19. C	20. D
21. A	22. B	23. D	24. B	25. C
26. A	27. B	28. D	29. B	30. B
31. A	32. D	33. B	34. C	35. D
36. A	37. B	38. A	39. A	40. D

二、多项选择题

41. BD	42. BDE	43. BCDE	44. ABC	45. BC
46. AD	47. ACD	48. ACDE	49. BE	50. DE

三、案例分析题

（一）

1. A 施工单位有资格参加投标是正确的。

理由：《招标投标法》规定，招标人不得以不合理的条件限制和排斥潜在投标人，不得对潜在投标人实行歧视待遇，所以招标人以投标人是外地企业的理由排斥潜在投标人是不合理的。

2. 施工招标评标委员会组成的不妥之处如下。

（1）建设行政管理部门的招投标管理办公室主任参加不妥。

理由：评标委员会由招标人的代表和有关技术、经济方面的专家组成。

正确做法：投标管理办公室主任不能成为评标委员会成员。

（2）政府提供的专家库中抽取的技术经济专家 3 人。

理由：评标委员会中的技术经济等方面的专家不得少于成员总数的 2/3。

正确做法：至少有 4 人是技术经济专家。

3. B 施工单位的投标不是有效标。

理由：评标委员会发现投标人的报价明显低于其他报价时，应当要求该投标人作出书面说明并提供相关证明材料，投标人不能合理说明的应作废标处理。

D 施工单位的投标是有效标。

理由：投标报价大写与小写不符属细微偏差，细微偏差修正后仍属有效投标书。

F 施工单位的投标书不是有效标。

理由：检验标准与方法不符招标文件的要求，属未作实质性响应的重大偏差。

H 施工单位的投标书是有效标。

理由:某分部工程的报价有个别漏项属细微偏差,应为有效标书。

4. 安装调试阶段发生的火灾属于不可抗力。

建设单位和施工单位承担的损失或费用如下:

(1)工程本身损失150万元由建设单位承担。

(2)100万元的待安装设备的彻底报废由建设单位承担。

(3)G施工单位人员烧伤的医疗费及补偿费15万元由G施工单位承担。

(4)租赁的设备损坏赔偿10万元由G施工单位承担。

(5)其他单位临时停放在现场的价值25万元的汽车被烧毁由建设单位承担。

(6)G施工单位停工5天应相应顺延工期。

(7)施工机械闲置损失2万元由G施工单位承担。

(8)必要的管理保卫人员费用支出1万元由建设单位承担。

(9)工程所需清理、修复费用200万元由建设单位承担。

(二)

1. 塔式起重机应安排在第31天(上班时刻)进场投入使用。塔式起重机在工作E与工作G之间没有闲置。

2. 不合理。先进行工作G,后进行工作E(图示表达正确也可),因为工作E的总时差为30天,这样安排不影响合同工期。

3. (1)补偿赶工费用不合理。因为工作合理安排后不需要赶工(或工作J的持续时间不需要压缩)。

(2)塔式起重机闲置补偿9000元不合理,因为闲置时间不是15天。

(3)其他机械闲置补偿合理,人员窝工损失补偿合理。

塔式起重机闲置补偿:600元/天×10天=6000元。

监理工程师应批准补偿:(6000+45000)元=51000元。

(三)

1. 项目经理对自己应负的安全管理责任的认识不全面,因为项目经理对合同工程项目的安全生产负全面领导责任。它应认真落实施工组织设计中安全技术管理的各项措施,严格执行安全技术措施审批制度,施工项目安全交底制度和设备、设施交接验收使用制度。

2. 安全保证项目还有安全生产责任制,分部工程安全技术交底,安全检查,安全教育。

3. 处理方法

(1)小蜂窝可先用水冲洗干净,用1:2水泥砂浆修补;大蜂窝,先将松动的石子和突出颗粒剔除,并剔成喇叭口,然后用清水冲洗干净湿透,再用高一级豆石混凝土捣实后认真养护。

(2)孔洞处理需要与设计单位共同研究制定补强方案,然后按批准后的方案进行处理。在处理梁中孔洞时,应在梁底用支撑支牢,然后再将孔洞处的不密实的混凝土凿掉,要凿成斜形(外口向上),以便浇筑混凝土。用清水冲刷干净,并保持湿润72小时,然后用高一等级的微膨胀豆石混凝土浇筑、捣实后,认真养护。有时因孔洞大需支模板后才浇筑混凝土。

4. 文明施工费实得分16分,"三宝"、"四口"实得分是8.5分,起重吊装实得分是4分。

5. 安全等级是不合格,应大于80分(有一项得分为0分。当起重吊装或施工机具检查评分表未得分,且汇总表得分值在80分以下不合格)。

全真模拟试卷(八)

一、单项选择题(共40题,每题1分。每题的备选项中,只有1个最符合题意)

场景(一) 某大厦工程,地下1层,地上20层,为现浇钢筋混凝土剪力墙结构,总建筑面积20000m²,混凝土设计强度等级为C35。工程于2月1日开工,同年9月28日在建设单位召开的协调会上,施工单位提出,为加快施工进度,建议改用硅酸盐水泥,得到了建设单位、监理单位的认可。施工单位因此在10月5日未经监理工程师许可即进场第一批水泥,并使用在工程上。后经法定检测单位检验发现该批水泥安定性不合格,属废品水泥。市质量监督站因此要求这段时间施工的主体结构应拆除后重建,造成直接经济损失121.8万元。

根据场景(一),回答下列问题:

1. 硅酸盐水泥的代号是( )。
   A. P·Ⅰ或P·Ⅱ   B. P·C   C. P·O   D. P·S

2. 水泥体积安定性不合格,应( )。
   A. 用于次要工程   B. 按废品处理   C. 用于基础垫层   D. 用于配制水泥砂浆

3. 常用水泥的技术要求不包括( )。
   A. 细度   B. 耐久性   C. 体积安定性   D. 强度等级

4. 水泥的安定性一般是指水泥在凝结硬化过程中,( )变化的均匀性。
   A. 强度   B. 体积   C. 温度   D. 矿物组成

5. 硅酸盐水泥的强度等级不包括( )级。
   A. 32.5   B. 42.5   C. 52.5   D. 62.5

场景(二) 某房屋建筑公司在某市承建某高校13层留学生公寓,主体是全现浇钢筋混凝土框架-剪力墙结构,建筑面积为3万m²,建筑高度为54m,采用筏板基础。

根据场景(二),回答下列问题:

6. 厚大体积混凝土的浇筑方案中不包括( )。
   A. 全面分层   B. 斜面分层   C. 侧面分层   D. 分段分层

7. 下列关于剪力墙结构的缺点,说法错误的是( )。
   A. 剪力墙间距小   B. 在水平荷载作用下侧移小
   C. 不适合要求大空间的公共建筑   D. 结构自重大

8. 如果此工程在冬期施工,则蒸汽养护的水泥品种经试验确定,水泥的强度等级不应低于( )级。
   A. 32.5   B. 42.5   C. 52.5   D. 62.5

9. 下列关于大体积混凝土控制裂缝的措施中,错误的是( )。
   A. 优先选用粉煤灰硅酸盐水泥拌制混凝土,并适当使用缓凝减水剂
   B. 在保证混凝土设计强度等级前提下,适当降低水灰比,减少水泥用量
   C. 可预埋冷却水管,通入循环水将混凝土内部热量带走,进行人工导热

D. 设置后浇缝

10. 普通硅酸盐水泥拌制的混凝土养护时间不得少于(   )天;矿渣水泥、火山灰硅酸盐水泥等拌制的混凝土养护时间不得少于(   )天。
    A. 7,14　　　　　　B. 7,21　　　　　　C. 14,21　　　　　　D. 21,28

场景(三)　某建筑公司(乙方)与某厂(甲方)签订了修筑面积为3000m²工业厂房(带地下室)的施工合同。乙方编制的施工方案和进度计划已获监理工程师批准。该工程施工方案中基坑开挖程序:测量放线→分层开挖→排降水→修坡→整平→留足预留土层等。

根据场景(三),回答下列问题:

11. 当用人工挖土,基坑挖好后不能立即进行下道工序时,应预留(   )cm一层土不挖,待下道工序开始再挖至设计标高。
    A. 5~10　　　　　　B. 10~15　　　　　　C. 15~20　　　　　　D. 15~30

12. 在地下水位以下挖土,应在基坑四周挖好临时排水沟和集水井,或采用人工降低水位至坑底以下(   )mm,以利挖方进行。
    A. 200　　　　　　B. 500　　　　　　C. 800　　　　　　D. 1000

13. 采用机械开挖基坑时,为避免破坏基底土,应在基底标高以上预留一层由人工挖掘修整。使用铲运机、推土机时,保留土层厚度为(   )cm。
    A. 5~10　　　　　　B. 15~20　　　　　　C. 20~30　　　　　　D. 25~30

14. 采用机械开挖基坑时,为避免破坏基底土,应在基底标高以上预留一层由人工挖掘修整。使用正铲、反铲或拉铲挖土时,保留土层厚度为(   )cm。
    A. 5~10　　　　　　B. 15~20　　　　　　C. 20~30　　　　　　D. 25~30

15. 影响填土压实质量的主要因素是压实功、土的含水量以及(   )。
    A. 每层铺土厚度　　B. 压实方法　　C. 压实工具　　D. 土的坚硬程度

场景(四)　某市建筑公司承接该市某化工厂综合楼工程的施工任务,该工程为4层底框架砌体结构,东西长40m,南北宽9m,建筑面积1800m²;采用十字交叉条形基础,其上布置底层框架。该公司为承揽该项施工任务,报价较低。因此,为降低成本,施工单位采用了一小厂提供的价格便宜的砖,在砖进厂前未向监理申报。

根据场景(四),回答下列问题:

16. 混凝土基础的主要形式有(   )、独立基础、筏形基础和箱形基础等。
    A. 圆形基础　　B. 柱形基础　　C. 板形基础　　D. 条形基础

17. 砖基础底标高不同时,应(   );当设计无要求时,搭砌长度不应小于砖基础大放脚的高度。
    A. 从低处砌起,并应由高处向低处搭砌　　B. 从高处砌起,并应由高处向低处搭砌
    C. 从高处砌起,并应由低处向高处搭砌　　D. 从低处砌起,并应由低处向高处搭砌

18. 砖基础的转角处和交接处应同时砌筑。当不能同时砌筑时,应留置(   )。
    A. 凹槎　　B. 凸槎　　C. 直槎　　D. 斜槎

19. 下列对于现场进行质量检查的方法中,错误的是(   )。
    A. 目测法　　B. 勘察法　　C. 实测法　　D. 试验法

20. 下列对于施工单位现场质量检查的内容,不包括(   )。
    A. 开工前检查　　B. 隐蔽工程检查　　C. 竣工后检查　　D. 成品保护检查

场景（五） 某施工单位安装某宾馆石材幕墙和玻璃幕墙,进场后进行现场切割加工。施工单位进场后以土建提供的三线为测量基准进行放线测量,在安装顶部封边(女儿墙)结构处石材幕墙时,其安装次序是先安装四周转角处部位的石材,后安装中间位置的石材。

根据场景(五),回答下列问题:

21. 石材幕墙的石板厚度不应小于( )mm。

    A. 15　　　　　　B. 20　　　　　　C. 25　　　　　　D. 30

22. 在框支承玻璃幕墙的安装过程中,密封胶嵌缝时密封胶的施工厚度为( )mm。

    A. 3.5 ~ 4.5　　　B. 3.0 ~ 4.5　　　C. 3.5 ~ 5.5　　　D. 3.5 ~ 4.0

23. 根据后置埋件的施工要求,锚栓直径应通过承载力计算确定,并不应小于( )mm。

    A. 8　　　　　　　B. 10　　　　　　C. 12　　　　　　D. 16

24. 同一幕墙玻璃单元不应跨越( )个防边分区。

    A. 2　　　　　　　B. 3　　　　　　　C. 4　　　　　　　D. 5

25. 在非抗震设计或6度、7度抗震设计中应用时,幕墙高度不宜大于( )m。

    A. 15　　　　　　B. 20　　　　　　C. 25　　　　　　D. 30

场景(六) 某一施工队安装某高校图书馆幕墙工程,采用全玻璃幕墙、隐框玻璃幕墙和石材和铝塑复合板幕墙。全玻璃幕墙和隐框玻璃幕墙全部在现场打胶的施工。幕墙的防火和防雷构造未按设计和规范施工。

根据场景(六),回答下列问题:

26. 隐框或半隐框幕墙采用的板块安装时,应在每块玻璃板块下端设置两个铝合金或不锈钢托条,托条应能承受该分格玻璃的自重,其长度不应小于( )mm,厚度不应小于2mm,高不应超出玻璃外表面,托条上应设置衬垫。

    A. 80　　　　　　B. 100　　　　　C. 70　　　　　　D. 60

27. 隐框玻璃幕墙的玻璃板块应在洁净、通风的室内打注硅酮结构密封胶,符合规范要求的环境温度和相对湿度是( )。

    A. 温度15℃,相对湿度30%　　　　　　B. 温度20℃,相对湿度40%

    C. 温度25℃,相对湿度50%　　　　　　D. 温度40℃,相对湿度60%

28. 铝塑复合板幕墙面板制作正确的技术要求是( )。

    A. 在面板折弯切割内层铝板和聚乙烯塑料时,应保留不小于0.3mm厚的聚乙烯塑料

    B. 切割完聚乙烯塑料后,应立即用水将切割的碎屑冲洗干净

    C. 铝塑复合板折边处不应设置边肋

    D. 因打孔、切口等外露的聚乙烯塑料应涂刷防水涂料加以保护

29. 石材幕墙面板安装正确的施工技术要求是( )。

    A. 不锈钢挂件的厚度不应小于2.5mm

    B. 经切割、开槽等工序后的石板应用水将石屑冲洗干净

    C. 石板与不锈钢挂件之间应用硅酮结构密封胶粘结

    D. 石材幕墙面板之间嵌缝的材料和方法均与玻璃幕墙相同

场景(七) 某新建机械修理车间,2006年7月10日,瓦工谢某在7~8m高处修补墙身洞口时,因操作平台发生摇摆,失足坠落地面,压在一破损的380V电缆线上,身上系有安全带,

安全帽脱落,头部受重伤,抢救无效死亡。经事故调查,死亡原因为触电死亡,搭设的平台没有防护栏杆,操作平台没有履行验收手续便擅自使用。

根据场景(七),回答下列问题:

30. 架子搭设作业不规范可导致下列( )事故。
    A. 起重伤害　　　　　B. 坍塌　　　　　C. 物体打击　　　　　D. 触电

31. 因生产过程及工作原因或与其相关的其他原因造成的伤亡事故称为( )。
    A. 职业安全事故　　B. 职业伤害事故　　C. 职业病　　　　　D. 工伤事故

32. 下列职业健康安全管理体系要素中,属于核心要素的是( )。
    A. 绩效测量　　　　　　　　　　　B. 培训、意识和能力
    C. 记录和记录管理　　　　　　　　D. 文件

33. 下列职业健康安全管理体系要素中,属于辅助性要素的是( )。
    A. 结构和职责　　B. 运行控制　　C. 法规和其他要求　　D. 协商和沟通

34. 对高处作业等非常规性的作业,应制定( )。
    A. 单项作业健康安全技术措施和预防措施
    B. 分部、分项工程安全措施
    C. 单位工程安全措施
    D. 危险性作业专项施工方案

35. 项目职业健康安全技术措施计划应由( )主持编制。
    A. 项目经理部的技术负责人　　　　B. 项目经理部的安全工程师
    C. 项目经理　　　　　　　　　　　D. 项目专职安全管理员

场景(八) 某一民用建筑工程验收时,抽检有代表性的房间室内环境污染物浓度。民用建筑工程室内空气中甲醛检测采用现场检测方法,氡浓度检测时,对采用自然通风的民用建筑工程应将房间的门窗关闭,还要检查建筑材料和装修材料的污染物含量和进场的材料等。

根据场景(八),回答下列问题:

36. 本题中民用建筑工程室内空气中甲醛检测采用现场检测方法,测量结果在 $0 \sim 0.60 mg/m^3$,测定范围内的不确定度应小于或等于( )。
    A. 25%　　　　　B. 30%　　　　　C. 35%　　　　　D. 40%

37. 民用建筑工程验收时,应抽检有代表性的房间室内环境污染物浓度,抽检数量不得少于( ),并不得少于3周。
    A. 2%　　　　　B. 3%　　　　　C. 4%　　　　　D. 5%

38. 民用建筑工程室内环境中氡浓度检测时,对采用自然通风的民用建筑工程,应在房间的对外门窗关闭( )小时以后进行。
    A. 10　　　　　B. 24　　　　　C. 15　　　　　D. 12

39. 在Ⅰ类民用建筑工程中,室内环境污染物游离甲醛的浓度限量不得大于( )mg/m^3。
    A. 0.08　　　　B. 0.09　　　　C. 0.10　　　　D. 0.11

40. 在民用建筑工程验收时,环境污染浓度现场检测点距墙面的距离和距楼面的高度为( )m。
    A. 0.5,0.8　　　B. 0.8,0.8　　　C. 0.8,1.5　　　D. 1.5,2.0

二、多项选择题(共 10 题,每题 2 分。每题的备选项中,有 2 个或 2 个以上符合题意,至少有 1 个错项。错选,本题不得分;少选,所选的每个选项得 0.5 分)

场景(九) 某市某酒店于 2002 年 3 月竣工后交付使用,2007 年 2 月使用方发现墙体出现裂缝,经鉴定是局部地基沉降所致,属施工地基处理存有缺陷的工程质量问题。同时又发生了屋面漏水,据此,建设使用方要求原施工单位对以上两个工程质量问题进行保修。

根据场景(九),回答下列问题:

41. 根据《房屋建筑工程质量保修办法》的相关规定:建设使用方要求原工程承包单位进行维修的依据应当是( )。
    A. 该工程的质量保修书
    B. 该工程的施工合同
    C. 鉴定单位的鉴定报告
    D.《房屋建筑工程质量保修办法》
    E. 保修期内的质量保修书

42. 下列情况不属于保修范围的是( )。
    A. 房屋建筑工程在保修范围和保修期限内出现质量缺陷
    B. 屋面防水重做后一年又有漏水
    C. 不可抗力造成的质量缺陷
    D. 因使用不当或者第三方造成的质量缺陷
    E. 工程材料选用不当引发的质量问题

43.《建筑工程质量管理条例》规定:建设工程实行质量保修制度。建设工程承包单位在向建设单位提交工程竣工验收的报告时,应当向建设单位出具质量保修书。质量保修书中应当明确建设工程的( )等。
    A. 保修责任
    B. 保修范围
    C. 保修工期
    D. 保修方式
    E. 保修期限

44. 建设单位和施工单位应当在工程质量保修书中约定保修范围、保修期限和保修责任等,其中,双方约定的( )。
    A. 保修期限必须符合使用年限规定
    B. 保修期限必须符合国家有关规定
    C. 保修范围必须符合施工合同规定
    D. 保修范围必须符合保修书的规定
    E. 工程基础的保修必须符合国家有关规定

45. 建筑工程的保修范围包括( )。
    A. 地基基础工程
    B. 屋面防水工程
    C. 主体结构工程
    D. 电气管线的安装工程
    E. 洁具安装工程

场景(十) 某办公楼工程,主楼采用钢筋混凝土结构,辅楼采用钢结构。项目经理进场后,立即组织临时建筑搭设。土方施工中加强了质量控制。地质报告显示地下水水位高于槽底标高。

根据场景(十),回答下列问题:

46. 钢筋混凝土结构的优点是( )。
    A. 可模性好,适用面广
    B. 模板用料少,费工少

C. 抗裂性能好

D. 钢筋和混凝土两种材料的强度都充分发挥

E. 拆除方便

47. 本工程基坑验槽时,( )有关人员必须参加验收。

A. 施工总包单位　　B. 降水分包单位　　C. 监理单位　　　　D. 勘察单位

E. 支护分包单位

48. 钢结构的连接方法有( )。

A. 焊接　　　　　　B. 绑扎连接　　　　C. 高强螺栓连接　　D. 铆接

E. 普通螺栓连接

49. 施工中用于测量两点间水平夹角的常用仪器有( )。

A. 测距仪　　　　　B. 全站仪　　　　　C. 水准仪　　　　　D. 铅垂仪

E. 经纬仪

50. 为了控制基坑开挖质量,除应对平面控制桩、水准点进行检查外,还应经常检查( )。

A. 挖土机械　　　　B. 基坑平面位置　　C. 土的含水量　　　D. 水平标高

E. 边坡坡度

三、案例分析题(共 3 题,每题 20 分)

(一)

某工程项目施工合同价为 560 万元。合同工期为 6 个月,施工合同中规定如下:

(1)开工前业主向施工单位支付合同价 20% 的预付款。

(2)业主自第 1 个月起,从施工单位的应得工程款中按 10% 的比例扣留保留金,保留金限额暂定为合同价的 5% ,保留金到第 3 个月底全部扣完。

(3)预付款在最后两个月扣除,每月扣 50% 。

(4)工程进度款按月结算,不考虑调价。

(5)业主供料价款在发生当月的工程款中扣回。

(6)若施工单位每月实际完成产值不足计划产值的 90% 时,业主可按实际完成产值的 8% 的比例扣留工程进度款,在工程竣工结算时将扣留的工程进度款退还施工单位。

(7)经业主签认的施工进度计划与实际完成产值见下表。

施工进度计划与实际完成产值表 （单位:万元）

时间/月	1	2	3	4	5	6
计划完成产值	70	90	110	110	100	80
实际完成产值	70	80	120			
业主供料价款	8	12	15			

该工程施工进入第 4 个月时,由于业主资金出现困难,合同被迫终止。为此,施工单位提出以下费用补偿要求:

(1)施工现场存有为本工程购买的特殊工程材料,计 50 万元。

(2)因设备撤回基地发生的费用 10 万元。

(3)人员遣返费用 8 万元。

问题

1. 该工程的工程预付款是多少万元？应扣留的保留金为多少万元？

2. 第 1~3 月，造价工程师各月签证的工程款是多少？应签发的付款凭证金额是多少？

3. 合同终止时，业主已支付施工单位各类工程款为多少？

4. 合同终止后，施工单位提出的补偿要求是否合理？业主应补偿多少？

5. 合同终止后，业主共应向施工单位支付多少工程款？

（二）

某工程为地上 7 层、地下 1 层的钢筋混凝土框架结构。该工程在进行上部结构施工时，某一天安全员检查巡视正在搭设的扣件式钢管脚手架，发现部分脚手架钢管表面锈蚀严重，经了解是因为现场所堆材料缺乏标志，架子工误将堆放在现场内的报废脚手架钢管用到施工中。

问题

1. 脚手架事故隐患处理方式有哪些？

2. 为防止安全事故发生，安全员应采取什么措施？

3. 脚手架搭设完毕后，应由谁组织验收？验收的依据有哪些？

（三）

某建筑工程，建筑面积 108000m²，现浇剪力墙结构，地下 3 层，地上 50 层。基础埋深 14.4mm，底板厚 3m，底板混凝土强度等级为 C35。

底板钢筋施工时，板厚 1.5m 处的 HRB335 级直径 16mm 钢筋，施工单位征得监理单位和建设单位同意后，用 HPB235 钢筋直径 10mm 的钢筋进行代换。

施工单位选定了某商品混凝土搅拌站，由该搅拌站为其制定了底板混凝土施工方案。该方案采用溜槽施工，分两层浇筑，每层厚度 1.5m。

底板混凝土浇筑时当地最高大气温度 38℃，混凝土最高入模温度 40℃。

浇注完成 12 小时后采用覆盖一层塑料膜、一层保温岩棉养护 7d。

测温记录显示：混凝土内部最高温度 75℃，其表面最高温度 45℃。

监理工程师检查发现底板表面混凝土有裂缝，经钻芯取样检查，取样样品均有贯通裂缝。

问题

1. 该基础底板钢筋代换是否合理？说明理由。

2. 商品混凝土供应站编制大体积混凝土施工方案是否合理？说明理由。

3. 本工程基础底板产生裂缝的主要原因是什么？

4. 大体积混凝土裂缝控制的常用措施是什么？

参考答案

一、单项选择题

1. A	2. B	3. B	4. D	5. A
6. C	7. B	8. B	9. A	10. C
11. D	12. B	13. B	14. C	15. A
16. D	17. A	18. D	19. B	20. C
21. C	22. A	23. B	24. A	25. B
26. B	27. C	28. A	29. B	30. C
31. B	32. A	33. D	34. A	35. C
36. A	37. D	38. B	39. A	40. A

二、多项选择题

41. AE	42. CD	43. ABE	44. BE	45. ABCD
46. AD	47. ACD	48. ACDE	49. BE	50. DE

三、案例分析题

（一）

1. 预付款及保留金计算如下：

工程预付款：560 万元 × 20% = 112 万元。

保留金：560 万元 × 5% = 28 万元。

2. 各月工程款及签发的付款凭证金额计算如下：

第 1 个月：

签证的工程款：70 万元 × (1 − 0.1) = 63 万元。

应签发的付款凭证金额：(63 − 8) 万元 = 55 万元。

第 2 个月：

本月实际完成产值不足计划产值的 90%，即 (90 − 80)/90 = 11.1%。

签证的工程款：80 万元 × (1 − 0.1) − 80 万元 × 8% = 65.60 万元。

应签发的付款凭证金额：(65.6 − 12) 万元 = 53.60 万元。

第 3 个月：

本月扣保留金：28 万元 − (70 + 80) 万元 × 10% = 13 万元。

签证的工程款：(120 − 13) 万元 = 107 万元。

应签发的付款凭证金额：(107 − 15) 万元 = 92 万元。

3. 合同终止时业主已支付施工单位各类工程款：(112 + 55 + 53.6 + 92) 万元 = 312.60 万元。

4. 业主应补偿：

（1）已购特殊工程材料价款补偿 50 万元的要求合理。

（2）施工设备遣返费补偿 10 万元的要求不合理。

应补偿：$[(560 - 70 - 80 - 120)/560] \times 10$ 万元 $= 5.18$ 万元。

（3）施工人员遣返费补偿 8 万元的要求不合理。

应补偿：$[(560 - 70 - 80 - 120)/560] \times 8$ 万元 $= 4.14$ 万元。

合计：59.32 万元。

5. 合同终止后，业主共应向施工单位支付的工程款：$(70 + 80 + 120 + 59.32 - 8 - 12 - 15)$ 万元 $= 294.32$ 万元。

（二）

1. 事故隐患的处理方式有：

（1）停止使用报废钢管，将报废钢管集中堆放到指定地点封存，安排运出施工现场。

（2）指定专人进行整改以达到规定要求。

（3）进行返工，用合适脚手架钢管置换报废钢管。

（4）对随意堆放、挪用报废钢管的人员进行教育或处罚。

（5）对不安全生产过程进行检查和改正。

2. 为防止安全事故发生，安全员应该：

（1）马上下达书面通知，停止脚手架搭设。

（2）封存堆入在现场内的报废脚手架钢管，防止再被混用。

（3）向有关负责人报告。

3. 由项目负责人（或项目经理）组织验收。验收依据是施工方案和相关规程。

（三）

1. 该基础底板钢筋代换不合理。因为钢筋代换时，应征得设计单位的同意，对于底板这种重要受力构件，不宜用 HPB235 代换 HRB335。

2. 由商品混凝土供应站编制大体积混凝土施工方案不合理。因为大体积混凝土施工方案应由施工单位编制，混凝土搅拌站应根据现场提出的技术要求做好混凝土试配。

3. 本工程基础底板产生裂缝的主要原因

（1）混凝土的入模温度过高。

（2）混凝土浇筑后未在 12 小时内进行覆盖，且养护天数远远不够。

（3）大体积混凝土由于水化热高，使内部与表面温差过大，产生裂缝。

4. 大体积混凝土裂缝控制的常用措施

（1）优先选用低水化热的矿渣水泥拌制混凝土，并适当使用缓凝剂。

（2）在保证混凝土设计强度等级前提下，适当降低水灰比，减少水泥用量。

（3）降低混凝土的入模温度，控制混凝土内外的温差。

（4）及时对混凝土覆盖保温、保湿材料；可预埋冷却水管，通入循环水将混凝土内部热量带出，进行人工导热。

2008 全国二级建造师执业资格考试试卷

一、**单项选择题**(共 40 题,每题 1 分。每题的备选项中,只有 1 个最符合题意)

场景(一) 某幼儿园教学楼为 3 层混合结构,基础采用 M5 水泥砂浆砌筑,主体结构采用 M5 水泥石灰混合砂浆砌筑;2 层有一外阳台,采用悬挑梁加端头梁结构。悬挑梁外挑长度为 2.4m,阳台栏板高度为 1.1m。为了增加幼儿活动空间,幼儿园在阳台增铺花岗石地面,厚度为 100mm,将阳台改为幼儿室外活动场地。另外有一广告公司与幼儿园协商后,在阳台端头梁栏板上加挂了 1 个灯箱广告牌,但经设计院验算,悬挑梁受力已接近设计荷载,要求将广告牌立即拆除。

根据场景(一),回答下列问题:

1. 本工程主体结构所用的水泥石灰混合砂浆与基础所用的水泥砂浆相比,其( )显著提高。
   A. 吸湿性 B. 耐水性 C. 耐久性 D. 和易性
2. 按荷载随时间的变异分类,在阳台上增铺花岗石地面,导致荷载增加,对端头梁来说是增加( )。
   A. 永久荷载 B. 可变荷载 C. 间接荷载 D. 偶然荷载
3. 阳台改为幼儿室外活动场地,栏板的高度应至少增加( )m。
   A. 0.05 B. 0.10 C. 0.20 D. 0.30
4. 拆除广告牌,是为了悬挑梁能够满足( )要求。
   A. 适用性 B. 安全性 C. 耐疲劳性 D. 耐久性
5. 在阳台端头梁栏板上加挂灯箱广告牌会增加悬挑梁的( )。
   A. 扭矩和拉力 B. 弯矩和剪力 C. 扭矩和剪力 D. 扭矩和弯矩

场景(二) 南方某城市一商场建设项目,设计使用年限为 50 年。按施工进度计划,主体施工适逢夏季(最高气温大于 30℃),主体框架采用 C30 混凝土浇筑,为二类使用环境。填充墙采用空心砖水泥砂浆砌筑。内部各层营业空间的墙面、柱面分别采用石材、涂料或木质材料装饰。

根据场景(二),回答下列问题:

6. 根据混凝土结构的耐久性要求,本工程主体混凝土的最大水灰比、最小水泥用量、最大氯离子含量和最大碱含量以及( )应符合有关规定。
   A. 最低抗渗等级 B. 最大干湿变形 C. 最低强度等级 D. 最高强度等级
7. 按《建筑结构可靠度设计统一标准》(GB 50068—2001)的规定,本工程按设计使用年限分类应为( )类。
   A. 1 B. 2 C. 3 D. 4
8. 根据本工程混凝土强度等级的要求,主体混凝土的( )应大于或等于 30MPa,且小于 35MPa。
   A. 立方体抗压强度 B. 轴心抗压强度

C. 立方体抗压强度标准值　　　　　　　D. 轴心抗压强度标准值

9. 空心砖砌筑时,操作人员反映砂浆过于干稠不好操作,项目技术人员提出的技术措施中正确的是(　　)。

A. 适当加大砂浆稠度,新拌砂浆保证在 3 小时内用完

B. 适当减小砂浆稠度,新拌砂浆保证在 2 小时内用完

C. 适当加大砂浆稠度,新拌砂浆保证在 2 小时内用完

D. 适当减小砂浆稠度,新拌砂浆保证在 3 小时内用完

10. 内部各层营业空间的墙、柱面若采用木质材料装饰,则现场阻燃处理后的木质材料每种应取(　　)m² 检验燃烧性能。

A. 2　　　　　　　B. 4　　　　　　　C. 8　　　　　　　D. 12

场景(三)　某施工单位承接了北方严寒地区一幢钢筋混凝土建筑工程的施工任务。该工程基础埋深 −6.5m,当地枯水期地下水位 −7.5m,丰水期地下水位 −5.5m。施工过程中,施工单位进场的一批水泥经检验其初凝时间不符合要求,另外由于工期要求很紧,施工单位不得不在冬期进行施工,直至 12 月 30 日结构封顶,而当地 11 月、12 月的日最高气温只有 −3℃。在现场检查时发现,部分部位的安全网搭设不符合规范要求,但未造成安全事故。当地建设主管部门要求施工单位停工整顿,施工单位认为主管部门的处罚过于严厉。

根据场景(三),回答下列问题:

11. 本工程基础混凝土应优先选用强度等级大于或等于42.5的(　　)。

A. 矿渣硅酸盐水泥　　　　　　　　B. 火山灰硅酸盐水泥

C. 粉煤灰硅酸盐水泥　　　　　　　D. 普通硅酸盐水泥

12. 本工程在 11 月、12 月施工时,不宜使用的外加剂是(　　)。

A. 引气剂　　　　　　B. 缓凝剂　　　　　　C. 早强剂　　　　　　D. 减水剂

13. 本工程施工过程中,初凝时间不符合要求的水泥需(　　)。

A. 作废品处理　　　B. 重新检测　　　C. 降级使用　　　D. 用在非承重部位

14. 本工程在风荷载作用下,为了防止出现过大的水平位移,需要建筑物具有较大的(　　)。

A. 侧向刚度　　　　　B. 垂直刚度　　　　　C. 侧向强度　　　　　D. 垂直强度

15. 施工单位对建设主管部门的处罚决定不服,可以在接到处罚通知之日起(　　)日内,向作出处罚决定机关的上一级机关申请复议。

A. 15　　　　　　　B. 20　　　　　　　C. 25　　　　　　　D. 30

场景(四)　某宾馆地下 1 层,地上 10 层,框架-剪力墙结构。空间功能划分为:地下室为健身房、洗浴中心;首层为大堂、商务中心、购物中心;2～3 层为餐饮,4～10 层为客房。

部分装修项目如下:

(1)健身房要求顶棚吊顶,并应满足防火要求。

(2)餐饮包房墙面要求采用难燃墙布软包。

(3)客房卫生间内设无框玻璃隔断,满足安全、美观功能要求。

(4)客房内墙涂料要求无毒、环保;外观细腻、色泽鲜明、质感好、耐擦洗的乳液型涂料。

(5)饮用热水管要求采用无毒、无害、不生锈;有高度的耐酸性和耐氯化物性;耐热性能好;

适合采用热熔连接方式的管道。

根据场景（四），回答下列问题：

16. 可用于健身房吊顶的装饰材料是（   ）。

    A. 矿棉装饰吸声板 B. 岩棉装饰吸声板   C. 石膏板   D. 纤维石膏板

17. 餐厅墙面采用的难燃墙布，其（   ）不应大于 0.12mg/m³。

    A. 苯含量   B. VOCs含量   C. 二甲苯含量   D. 游离甲醛释放量

18. 客房卫生间玻璃隔断，应选用的玻璃品种是（   ）。

    A. 净片玻璃   B. 半钢化玻璃   C. 夹丝玻璃   D. 钢化玻璃

19. 满足客房墙面涂饰要求的内墙涂料是（   ）。

    A. 聚乙烯醇水玻璃涂料   B. 丙烯酸酯乳胶漆

    C. 聚乙烯醇甲缩醛涂料   D. 聚氨酯涂料

20. 本工程的饮用热水管道应选用（   ）。

    A. 无规共聚聚丙烯管（PP—R 管）   B. 硬聚氯乙烯管（PVC—U 管）

    C. 氯化聚氯乙烯管（PVC—C 管）   D. 铝塑复合管

场景（五） 某住宅工程地处市区，东南两侧临城区主干道，为现浇钢筋混凝土剪力墙结构，工程节能设计依据《民用建筑节能设计标准（采暖居住建筑部分）》（JGJ26），屋面及地下防水均采用 SBS 卷材防水，屋面防水等级为 II 级，室内防水采用聚氨酯涂料防水，底板及地下外墙混凝土强度等级为 C35，抗渗等级为 P8。

根据场景（五），回答下列问题：

21. 本工程施工现场东南两侧应设置不低于（   ）m 的围档。

    A. 1.5   B. 1.8   C. 2.0   D. 2.5

22. 按建筑节能设计标准规定，本工程冬季卧室、起居室室内设计温度为（   ）℃。

    A. 14 ~ 16   B. 15 ~ 17   C. 16 ~ 18   D. 17 ~ 19

23. 按有关规定，本工程屋面防水使用年限为（   ）年。

    A. 5   B. 10   C. 15   D. 25

24. 本工程室内防水施工基底清理后的工艺流程是（   ）。

    A. 结合层→细部附加层→防水层→蓄水试验

    B. 结合层→蓄水试验→细部附加层→防水层

    C. 细部附加层→结合层→防水层→蓄水试验

    D. 结合层→细部附加层→蓄水试验→防水层

25. 室内防水地面蓄水检验，下列表述正确的是（   ）。

    A. 蓄水深度应高出地面最高点 20 ~ 30mm，24 小时内无渗漏为合格

    B. 蓄水深度应高出地面最高点 20 ~ 30mm，48 小时内无渗漏为合格

    C. 蓄水深度应高出地面最高点 40 ~ 50mm，24 小时内无渗漏为合格

    D. 蓄水深度应高出地面最高点 40 ~ 50mm，48 小时内无渗漏为合格

场景（六） 某施工单位承担一项大跨度工业厂房的施工任务。基础大体积混凝土采用矿渣硅酸盐水泥拌制。施工方案采用全面分层法，混凝土浇筑完成后 14 小时，覆盖草袋并开始浇水，浇水养护时间为 7 天。浇筑过程中采取了一系列防止裂缝的控制措施。

26. 影响混凝土强度的因素主要有原材料和生产工艺方面的因素,属于原材料因素的是( )。

　　A. 龄期　　　　　B. 养护温度　　　　　C. 水泥强度与水灰比　　D. 养护湿度

27. 为了确保新浇筑的混凝土有适宜的硬化条件,本工程大体积混凝土浇筑完成后应在( )小时以内覆盖并浇水。

　　A. 7　　　　　　B. 10　　　　　　　　C. 12　　　　　　　　D. 14

28. 本基础工程混凝土养护时间不得少于( )天。

　　A. 7　　　　　　B. 14　　　　　　　　C. 21　　　　　　　　D. 28

29. 混凝土耐久性包括混凝土的( )。

　　A. 碳化　　　　　B. 温度变形　　　　　C. 抗拉强度　　　　　D. 流动性

30. 属于调节混凝土硬化性能的外加剂是( )。

　　A. 减水剂　　　　B. 早强剂　　　　　C. 引气剂　　　　　D. 着色剂

场景(七)　某别墅室内精装修工程,客厅平面尺寸为 $9m \times 12m$,吊顶为轻钢龙骨石膏板;装饰设计未注明吊顶起拱高度、主龙骨和吊杆固定点的安装间距。

在施工中,对不同材料基体交接处表面抹灰采用加强网防止开裂;饰面板(砖)采用湿作业法施工。工程完工后,依据《住宅装饰装修工程施工规范》(GB 50327—2001)和《民用建筑工程室内环境污染控制规范》(GB 50325—2001)进行了验收。

根据场景(七),回答下列问题：

31. 客厅吊顶工程安装主龙骨时,应按( )mm 起拱。

　　A. 9 ~ 27　　　　B. 12 ~ 36　　　　　C. 18 ~ 42　　　　　D. 24 ~ 48

32. 本工程轻钢龙骨主龙骨的安装间距宜为( )mm。

　　A. 1000　　　　　B. 1300　　　　　　C. 1500　　　　　　D. 1800

33. 本工程防止开裂的加强网与各基体的搭接宽度,最小不应小于( )mm。

　　A. 50　　　　　　B. 100　　　　　　　C. 150　　　　　　　D. 200

34. 饰面板(砖)采用湿作业法施工时,应进行防碱背涂处理的是( )。

　　A. 人造石材　　　B. 抛光砖　　　　　C. 天然石材　　　　　D. 陶瓷锦砖

35. 本工程墙、地饰面使用天然花岗岩石材或瓷质砖的面积大于( )m^2 时,应对不同产品、不同批次材料分别进行放射性指标复验。

　　A. 100　　　　　　B. 150　　　　　　　C. 200　　　　　　　D. 300

场景(八)　某高层综合楼外墙幕墙工程,主楼采用铝合金隐框玻璃幕墙,玻璃为 6Low—E + 12A + 6 中空玻璃,裙楼为 12mm 厚单片全玻幕墙,在现场打注硅酮结构胶。入口大厅的点支承玻璃幕墙采用钢管焊接结构。主体结构施工中已埋设了预埋件,幕墙施工时,发现部分预埋件漏埋。经设计单位同意,采用后置埋件替代。在施工中,监理工程师检查发现：

(1)中空玻璃密封胶品种不符合要求。

(2)点支承玻璃幕墙支承结构焊缝有裂缝。

(3)防雷连接不符合规范要求。

根据场景(八),回答下列问题：

36. 本工程隐框玻璃幕墙用的中空玻璃第一道和第二道密封胶应分别采用( )。

    A. 丁基热熔密封胶,聚硫密封胶

    B. 丁基热熔密封胶,硅酮结构密封胶

    C. 聚硫密封胶,硅酮耐候密封胶

    D. 聚硫密封胶,丁基热熔密封胶

37. 对本工程的后置埋件,应进行现场( )试验。

    A. 拉拔　　　　　B. 剥离　　　　　C. 胶杯(拉断)　　　　　D. 抗剪

38. 允许在现场打注硅酮结构密封胶的是( )幕墙。

    A. 隐框玻璃　　　　　B. 半隐框玻璃　　　　　C. 全玻　　　　　D. 石材

39. 幕墙钢结构的焊缝裂缝产生的主要原因是( )。

    A. 焊接内应力过大　　B. 焊条药皮损坏　　　C. 焊接电流太小　　　D. 母材有油污

40. 幕墙防雷构造要求正确的是( )。

    A. 每根铝合金立柱上柱与下柱连接处都应进行防雷连通

    B. 铝合金立柱上柱与下柱连接处在不大于10m范围内,宜有一根立柱进行防雷连通

    C. 有镀膜层的铝型材,在进行防雷连接处,不得除去其镀膜层

    D. 幕墙的金属框架不应与主体结构的防雷体系连接

二、多项选择题(共10题,每题2分。每题的备选项中,有2个或2个以上符合题意,至少有1个错项。错选,本题不得分;少选,所选的每个选项得0.5分)

场景(九)　某建筑工程采用钢筋混凝土框架-剪力墙结构,基础底板厚度为1.1m,属大体积混凝土构件。层高变化大,钢筋型号规格较一般工程多。屋面防水为SBS卷材防水。公司项目管理部门在过程检查中发现:

(1)工程公示牌有不应公示的内容。

(2)安全技术交底中,交底人对"三宝"不明确。

(3)钢筋加工尺寸不准确。

(4)底板混凝土局部出现裂缝。

(5)屋面防水层局部起鼓,直径50~250mm,但没有出现成片串联现象。

根据场景(九),回答下列问题:

41. 施工单位在现场入口处醒目位置设置的公示牌内容符合要求的有( )。

    A. 工程概况　　　　　B. 施工平面图　　　　　C. 项目部组织机构图　　D. 施工合同解读

    E. 项目成本及现金流预控计划

42. 施工安全管理中属于"三宝"的有( )。

    A. 安全绳　　　　　B. 安全网　　　　　C. 安全带　　　　　D. 安全帽

    E. 安全宣传标语

43. 底板混凝土裂缝控制措施正确的有( )。

    A. 在保证混凝土设计强度等级的前提下适当降低水灰比,减少水泥用量

    B. 及时对混凝土覆盖保温保湿材料

    C. 控制混凝土内外温差

    D. 提高混凝土坍落度

E. 进行二次抹面工作,减少表面收缩裂缝

44. 本工程钢筋加工中出现钢筋长度和弯曲角度不符合图样要求的现象,其原因有(　　)。

A. 下料不准确　　　　　　　　　　　　B. 角度控制没有采取保证措施

C. 用手工弯曲时,扳距选择不当　　　　D. 钢筋进场后未进行复试

E. 所使用的钢筋型号、规格过多

45. 本工程屋面卷材起鼓的质量问题,正确的处理方法有(　　)。

A. 防水层全部铲除清理后,重新铺设

B. 在现有防水层上铺一层新卷材

C. 直径在 100mm 以下的鼓泡可用抽气灌胶法处理

D. 直径在 100mm 以上鼓泡,可用刀按斜十字形割开,放气,清水,在卷材下新贴一块方形卷材(其边长比开刀范围大 100mm)

E. 分片铺贴,处理顺序按屋面流水方向先上再左右然后向下

　　场景(十)　　发包方与建筑公司签订了某项目的建筑工程施工合同,设项目 A 栋为综合办公楼,B 栋为餐厅。建筑物填充墙采用混凝土小型砌块砌筑;内部墙、柱面采用木质材料;餐厅同时装有火灾自动报警装置和自动灭火系统。经发包方同意后,建筑公司将基坑开挖工程进行了分包。分包单位为了尽早将基坑开挖完毕,昼夜赶工连续作业,严重地影响了附近居民的生活。

　　根据场景(十),回答下列问题:

46. 根据《建筑内部装修防火施工及验收规范》(GB 50354—2005)要求,对该建筑物内部的墙、柱面木质材料,在施工中应检查材料的(　　)。

A. 燃烧性能等级的施工要求

B. 燃烧性能的进场验收记录和抽样检验报告

C. 燃烧性能型式检验报告

D. 现场隐蔽工程记录

E. 现场阻燃处理的施工记录

47. 本工程餐厅墙面装修可选用的装修材料有(　　)。

A. 多彩涂料　　　　B. 彩色阻燃人造板　　C. 大理石　　　　　　D. 聚酯装饰板

E. 复塑装饰板

48. 对本工程施工现场管理责任认识正确的有(　　)。

A. 总包单位负责施工现场的统一管理

B. 分包单位在其分包范围内自我负责施工现场管理

C. 项目负责人全面负责施工过程中的现场管理,建立施工现场管理责任制

D. 总包单位受建设单位的委托,负责协调该现场由建设单位直接发包的其他单位的施工现场管理

E. 由施工单位全权负责施工现场管理

49. 填充墙砌体满足规范要求的有(　　)。

A. 搭接长度不小于 60mm　　　　　　　B. 搭接长度不小于 90mm

C. 竖向通缝不超过 2 皮　　　　　　　　D. 竖向通缝不超过 4 皮

E. 小砌块应底面朝下反砌于墙上

50. 关于噪声污染防治的说法,正确的有(　　)。

A. 煤气管道抢修抢险作业,可以夜间连续作业

B. 在高校附近禁止夜间进行产生环境噪声污染的建筑施工作业

C. 建设工程必须夜间施工的,施工单位应在开工 15 日以前向建设主管部门申报

D. 环境影响报告书中,应该有该建设项目所在单位和居民的意见

E. 在城市市区范围内向周围生活环境排放建筑施工噪声的,应当符合国家规定的排放标准

三、案例分析题(共 3 题,每题 20 分)

(一)

某综合楼工程,地下 1 层,地上 10 层,钢筋混凝土框架结构,建筑面积 28500m², 某施工单位与建设单位签订了工程施工合同,合同工期约定为 20 个月。施工单位根据合同工期编制了该工程项目的施工进度计划,并且绘制出施工进度网络计划如下图所示(单位:月)。

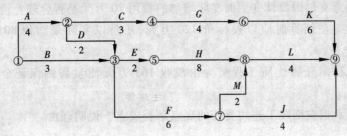

在工程施工中发生了如下事件:

事件一:因建设单位修改设计,致使工作 K 停工 2 个月。

事件二:因建设单位供应的建筑材料未按时进场,致使工作 H 延期 1 个月。

事件三:因不可抗力原因致使工作 F 停工 1 个月。

事件四:因施工单位原因工程发生质量事故返工,致使工作 M 实际进度延迟 1 个月。

问题

1. 指出该网络计划的关键线路,并指出由哪些关键工作组成。

2. 针对本案例上述各事件,施工单位是否可以提出工期索赔的要求?并分别说明理由。

3. 上述事件发生后,本工程网络计划的关键线路是否发生改变?如有改变,指出新的关键线路。

4. 对于索赔成立的事件,工期可以顺延几个月?实际工期是多少?

(二)

某新建办公大楼的招标文件写明:承包范围是土建工程、水电及设备安装工程、装饰装修工程;采用固定总价方式投标,风险范围内价格不作调整,但中央空调设备暂按 120 万元报价;质量标准为合格,并要求获省优质工程奖,但未写明奖罚标准;合同采用《建设工程施工合同(示范文本)》(GF—99—0201)。

某施工单位以 3260 万元中标后,与发包方按招标文件和中标人的投标文件签订了合同。合同中还写明:发包方在应付款中扣留合同额 5%,即 163 万元作为质量履约保证金,若工程达不到国家质量验收标准,该质量履约保证金不再返还;逾期竣工违约金每天 1 万元;暂估价设备经发承包双方认质认价后,由承包人采购。

合同履行过程中发生了如下事件：

事件一：主体结构施工过程中发生了多次设计变更，承包人在编制的竣工结算书中提出设计变更实际增加费用共计70万元，但发包方不同意该设计变更增加费。

事件二：中央空调设备经比选后，承包方按照发包方确认的价格与设备供应商签订了80万元采购合同。在竣工结算时，承包方按投标报价120万元编制结算书，而发包方只同意按实际采购价80万元进行结算。双方为此发生争议。

事件三：办公楼工程经四方竣工验收质量为合格，但未获得省优质工程奖。发包方要求没收163万元质量保证金，承包人表示反对。

事件四：办公楼工程实际竣工日期比合同工期拖延了10天，发包人要求承包人承担违约金10万元。承包人认为工期拖延是设计变更造成的，工期应顺延，拒绝支付违约金。

问题

1. 发包人不同意支付因设计变更而实际增加的费用70万元是否合理？说明理由。

2. 中央空调设备在结算时应以投标价120万元，还是以实际采购价80万元为准？说明理由。

3. 发包人以工程未获省优质工程奖为由没收163万元质量履约保证金是否合理？说明理由。

4. 承包人拒绝承担逾期竣工违约责任的观点是否成立？说明理由。

（三）

某市建筑集团公司承担一栋20层智能化办公楼工程的施工总承包任务，层高3.3m，其中智能化安装工程分包给某科技公司施工。在工程主体结构施工至第18层、填充墙施工至第8层时，该集团公司对项目经理部组织了一次工程质量、安全生产检查。部分检查情况如下：

（1）现场安全标志设置部位有：现场出入口、办公室门口、安全通道口、施工电梯吊笼内。

（2）杂工班外运的垃圾中混有废弃的有害垃圾。

（3）第15层外脚手架上有工人在进行电焊作业，动火证是由电焊班组申请，项目责任工程师审批。

（4）第5层砖墙砌体发现梁底位置出现水平裂缝。

（5）科技公司工人在第3层后置埋件施工时，打凿砖墙导致墙体开裂。

问题

1. 指出施工现场安全标志设置部位中的不妥之处。

2. 对施工现场有毒有害的废弃物应如何处置？

3. 本案例中电焊作业属几级动火作业？指出办理动火证的不妥之处，写出正确做法。

4. 分析墙体出现水平裂缝的原因并提出防治措施。

5. 针对打凿引起墙体开裂事件，项目经理部应采取哪些纠正和预防措施？

参考答案

一、单项选择题

1. B	2. B	3. D	4. B	5. B
6. C	7. C	8. C	9. B	10. B
11. D	12. B	13. A	14. A	15. A
16. B	17. D	18. D	19. B	20. A
21. D	22. C	23. C	24. A	25. A
26. C	27. C	28. A	29. A	30. B
31. A	32. A	33. B	34. C	35. C
36. B	37. A	38. C	39. A	40. B

二、多项选择题

41. ABC	42. BCD	43. ABCE	44. ABC	45. CD
46. BCDE	47. ABC	48. ACD	49. BC	50. ABDE

三、案例分析题

（一）

1. 网络计划的关键线路为：①→②→③→⑤→⑧→⑨。关键工作为：A、D、E、H、L

2. 对本案例上述各事件,施工单位是否可以提出工期索赔的要求的判断:

事件一:施工单位不可提出工期索赔要求,因为该工作不影响总工期。

事件二:施工单位可提出工期索赔要求,因为该工作在关键线路上,影响总工期,且属建设单位责任。

事件三:施工单位不可提出工期索赔要求,因为该工作不影响总工期。

事件四:施工单位不可提出工期索赔要求,因是施工单位自身责任造成的。

3. 关键线路没有发生改变。

4. 可顺延工期 1 个月。实际工期是 21 个月。

（二）

1. 合理。按照《建设工程施工合同(示范文本)》(GF—99—0201)承包方应在收到设计变更后 14 天内提出变更报价。本案例是在主体结构施工中发生的设计变更,但承包人却是在竣工结算时才提出报价,已超过了合同约定的提出报价时间,发包人可按合同约定视为承包人同意设计变更但不涉及合同价款调整,因此发包人有权拒绝承包人的 70 万元设计变更报价。

2. 应按实际采购价 80 万元来结算中央空调设备价款。因为投标书中的设备报价 120 万元是暂估价,不能作为合同风险范围内的报价,而 80 万元才是双方最终确认的设备价款。

3. 不合理。合同中关于5%即163万元质量履约保证金的条款是针对工程质量是否达到国家工程质量验收标准而设置的,本案工程以达到合同约定的合格标准。所以发包方没收163万元质量履约保证金没有依据。

4. 不能成立。本案中承包人未在约定时限内提出顺延或增加工期的要求,所以工期不能顺延,承包人应承担逾期竣工10天的违约金10万元。

（三）

1. 安全标志设置部位中不妥之处有:办公室门口,施工电梯吊笼内。

2. 对有毒有害的废弃物应分类送到专门的有毒有害废弃物中心消纳。

3. 本案例中:

(1)电焊作业属于二级动火作业。

(2)不妥之处:动火证由电焊班组申请,由项目责任工程师审批。

(3)正确做法:二级动火作业由项目责任工程师组织拟定防火安全技术措施,填写动火申请表,报项目安全管理部门和项目负责人审查批准。

4. 原因分析:

(1)砖墙砌筑时一次到顶。

(2)砌筑砂浆饱满度不够。

(3)砂浆质量不符合要求。

(4)砌筑方法不当。

防治措施:

(1)墙体砌至接近梁底时应留一定空隙,待全部砌完后至少隔(或静置)7天后,再补砌挤紧。

(2)提高砌筑砂浆的饱满度。

(3)确保砂浆质量符合要求。

(4)砌筑方法正确。

(5)轻微裂缝可挂钢丝网或采用膨胀剂填塞。

(6)严重裂缝拆除重砌。

5. 针对打凿引起墙体开裂事件,项目经理部应采取的纠正和预防措施:

(1)立即停止打砸行为,采取加固或拆除等措施处理开裂墙体。

(2)对后置埋件的墙体采取无损影响不大的措施。

(3)对分包单位及相关人员进行批评、教育,严格实施奖罚制度。

(4)加强工序交接检查。

(5)加强作业班组的技术交底和教育工作。

(6)尽量采用预制埋件。